ドライプロセスによる表面処理・薄膜形成の基礎

表面技術協会 編

コロナ社

編集委員会

編集委員長　明石　和夫（東京大学名誉教授）
編集幹事　　杉村　博之（京都大学）
　　　　　　坂本　幸弘（千葉工業大学）

執筆者一覧（執筆順）

明石　和夫（東京大学名誉教授）　　　　　　　　　　　　　　（1章）
井上　泰志（千葉工業大学）　中野　武雄（成蹊大学）　　　　（2章）
大工原茂樹（日本真空学会）　　　　　　　　　　　　　　　　（3.1節）
柏木　邦宏（東洋大学名誉教授）　　　　　　　　　　　　　　（3.2節）
草野　英二（金沢工業大学）　　　　　　　　　　　　　　　　（3.3節）
堀　　勝（名古屋大学）　石川　健治（名古屋大学）　　　　　（3.4節）
鷹野　一朗（工学院大学）　　　　　　　　　　　　　　　　　（3.5節）
伊藤　滋（東京理科大学）　　　　　　　　　　　　　　　　　（3.6節）
馬場　恒明（長崎県工業技術センター）　　　　　　　　　　　（3.7節）
浦尾　亮一（茨城大学名誉教授）　　　　　　　　　　　　　　（3.8節）
杉村　博之（京都大学）　　　　　　　　　　　　　（4.1節，4.2節）
馬場　茂（成蹊大学）　　　　　　　　　　　　　　（4.3節，4.4節）
渡部　修一（日本工業大学）　　　　　　　　　　　　　　　　（4.5節）
穂積　篤（産業技術総合研究所）　　　　　　　　　　　　　　（4.6節）

（2013年3月現在）

まえがき

　ドライプロセスによる表面技術の発展は著しく，機械部品，電子部品，光学部品などへの産業応用が進んでいます。最近では，バイオや医療技術への展開も検討されるようになりました。ドライプロセスによる薄膜形成および表面機能化に関する書籍は，すでに数多く出版されていますが，ドライプロセスが，光学薄膜や半導体集積回路製造技術への実用化を契機として発展してきたこともあり，より一般的な表面処理技術への応用展開に基盤を置いた成書，特に，この視点から執筆された初学者向けの教科書・参考書が，不足しているように見受けられます。表面処理技術に特化したドライプロセスの教科書としては，1994年に「PVD・CVD皮膜の基礎と応用」が，同じく表面技術協会編として出版され好評を博しました。しかし，発刊から20年近い歳月が流れ，同書もすでに絶版となっています。ドライプロセスの教育研究に携わっている先生方からも，新しい教科書の発刊を望む声が上がっていました。このような状況に鑑み，本協会の「材料機能ドライプロセス部会」のメンバーが中心となって，本書は企画されました。編集委員長には，同部会のルーツとなる研究会の一つを発足させ，表面技術協会におけるドライプロセスの基礎研究を，その黎明期からリードしてこられた，明石和夫 東京大学名誉教授 にお引き受けいただきました。今回，明石委員長のリーダーシップのもと，ここに発刊にこぎつけました。

　上記書籍では，基礎と応用を一つにまとめて出版しましたが，この分野をこれから学ぼうとする初学者にとっての入門書として，特に，理工系学部の大学生がドライプロセスの基礎を学ぶに適した教科書になることを目標に，まず基礎編を分離して世に出すことを編集委員会では目指しました。初学者にとって「入りやすく」「わかりやすい」ことを考えて執筆しましたが，ドライプロセス

における重要分野をカバーし，本書によって得た基礎知識をさらに発展させる手掛かりも得られるように構成したつもりです。本書は，はじめてこの分野に触れる人たちにとってばかりでなく，ドライプロセスの基礎的な面を再確認しておきたいとお考えの技術者・研究者の方々にも，十分役に立つ書籍であると自負しております。

以下に，本書の内容を簡単にまとめます。1章では，ドライプロセスとプラズマに関する概要と歴史的発展過程を記述しました。これからドライプロセスを学ぼうと考えている方たちだけでなく，ドライプロセスの教育に関与されている方にも，この章の内容は有意義と考えております。2章では，ドライプロセスを支える重要な基盤技術・基礎学問である真空とプラズマの基礎について，特に章を割いて解説しました。3章では，代表的なドライプロセスについて実際に取り上げ，それぞれのプロセスがどのような原理・原則に基づいているのかを解説しました。ドライプロセスが産業分野でどのような役割を果たしているかについても，ある程度わかるようにもなっています。4章には，薄膜および表面の評価分析技術について説明を加えました。これらの分析評価技術は，ドライプロセスだけに限定して使われるわけではありませんが，ドライプロセスの研究開発にとって必要不可欠な分析評価手法です。

最後に，本書の刊行にあたってコロナ社の方々にはたいへんお世話いただきましたことを，編集委員会ならびに執筆者一同に代わってお礼申し上げます。

2013年2月

材料機能ドライプロセス部会
代表幹事
杉村博之

目　　　　次

1.　ドライプロセスとプラズマ

1.1　表　面　処　理 ……………………………………………………………… 1
1.2　ドライプロセスと真空 ……………………………………………………… 3
　1.2.1　真空，真空を作る装置，種別と発展史概要 ………………………… 3
　1.2.2　真空蒸着の発展史概要 ………………………………………………… 6
1.3　PVD，CVD とプラズマとのかかわり ……………………………………… 7
　1.3.1　気体放電によるプラズマ発生法発展の概要史とプラズマの分類 …… 7
　1.3.2　近年における各種プラズマ発生法の開発と得られるプラズマの違い …… 10
　1.3.3　PVD と非平衡プラズマ ………………………………………………… 13
　1.3.4　CVD とプラズマ CVD ………………………………………………… 18
　1.3.5　プラズマからの活性種と表面の反応，改質層の形成 ……………… 19
　1.3.6　熱プラズマによる成膜法 ……………………………………………… 21
1.4　ま　と　め ……………………………………………………………………… 23

2.　真空およびプラズマ

2.1　真　　　空 ……………………………………………………………………… 24
　2.1.1　気体圧力と真空 ………………………………………………………… 24
　2.1.2　真　空　装　置 ………………………………………………………… 27
　2.1.3　平均自由行程と表面入射流束 ………………………………………… 30
2.2　プ ラ ズ マ ……………………………………………………………………… 32
　2.2.1　プラズマとは …………………………………………………………… 32

2.2.2 プラズマ生成法 ……………………………………………………… 33
 2.2.3 プラズマ物理の基礎 …………………………………………………… 36
 2.2.4 プラズマ反応素過程 …………………………………………………… 40
2.3 プラズマ診断 ……………………………………………………………… 45
 2.3.1 プローブ法 ……………………………………………………………… 45
 2.3.2 発光分光法 ……………………………………………………………… 47
 2.3.3 質量分析法 ……………………………………………………………… 49

3. ドライプロセスによる表面処理と薄膜形成

3.1 真空蒸着 …………………………………………………………………… 52
 3.1.1 真空蒸着が利用する物理現象 ………………………………………… 52
 3.1.2 真空蒸着の原理 ………………………………………………………… 53
 3.1.3 真空蒸着装置の蒸発源 ………………………………………………… 55
 3.1.4 蒸着による薄膜の特徴 ………………………………………………… 58
3.2 イオンプレーティング …………………………………………………… 59
 3.2.1 イオンプレーティングの原理 ………………………………………… 59
 3.2.2 イオンプレーティングの特徴 ………………………………………… 61
 3.2.3 イオンプレーティングの種類 ………………………………………… 62
 3.2.4 反応性イオンプレーティング ………………………………………… 63
 3.2.5 イオンプレーティングによるハイブリッド膜形成 ………………… 66
 3.2.6 イオンプレーティングで得られる膜構造 …………………………… 67
3.3 スパッタリング法 ………………………………………………………… 68
 3.3.1 スパッタリング現象とスパッタリングによる薄膜堆積 …………… 68
 3.3.2 スパッタリング率とスパッタリングにより発生した粒子エネルギー …… 70
 3.3.3 スパッタリング法により堆積された薄膜の持つ構造的な特徴 …… 71
 3.3.4 スパッタリング装置の概要 …………………………………………… 74
 3.3.5 種々のスパッタリング法 ……………………………………………… 76
 3.3.6 反応性スパッタリング法 ……………………………………………… 83
3.4 ドライエッチング ………………………………………………………… 84
 3.4.1 イオンエッチング ……………………………………………………… 84

3.4.2　イオンビームエッチング ……………………………… 88
　3.4.3　反応性イオンエッチング ……………………………… 89
3.5　イオン注入法 …………………………………………………… 95
　3.5.1　概　　　要 ……………………………………………… 95
　3.5.2　イオン注入理論 ………………………………………… 98
　3.5.3　スパッタリング理論 …………………………………… 102
　3.5.4　イオン注入装置 ………………………………………… 103
　3.5.5　イオン注入関連技術 …………………………………… 104
　3.5.6　イオン注入の応用 ……………………………………… 106
3.6　CVD ……………………………………………………………… 107
　3.6.1　CVD の具体例 …………………………………………… 108
　3.6.2　CVD 反応と得られる皮膜の種類 ……………………… 109
　3.6.3　CVD の 種 類 …………………………………………… 110
　3.6.4　CVD 装　　置 …………………………………………… 111
　3.6.5　CVD 試　　薬 …………………………………………… 113
　3.6.6　基　　　板 ……………………………………………… 114
　3.6.7　CVD 反応のパラメータ ………………………………… 115
　3.6.8　CVD 反応と核形成 ……………………………………… 117
　3.6.9　CVD 反応の解析と析出の監視システム ……………… 118
　3.6.10　ま　と　め ……………………………………………… 118
3.7　プラズマ浸漬イオン注入 ……………………………………… 119
3.8　プラズマ窒化・浸炭 …………………………………………… 124
　3.8.1　プラズマ窒化 …………………………………………… 124
　3.8.2　プラズマ浸炭 …………………………………………… 128

4. 分 析 と 評 価

4.1　膜 厚 測 定 ……………………………………………………… 131
　4.1.1　膜 厚 の 定 義 …………………………………………… 131
　4.1.2　機械的な膜厚測定 ……………………………………… 133
　4.1.3　光学的な膜厚測定 ……………………………………… 135

4.2 表　面　分　析 ··· 142
　4.2.1 電　子　顕　微　鏡 ··· 142
　4.2.2 走査型プローブ顕微鏡 ····································· 145
　4.2.3 2次イオン質量分析法 ······································ 155
4.3 密　着　性　評　価 ··· 156
　4.3.1 界　面　の　力　学 ·· 157
　4.3.2 界面の微視的構造 ·· 159
　4.3.3 付着損傷の形態 ··· 159
　4.3.4 密着性の力学的測定方法 ································· 160
　4.3.5 押込みおよびスクラッチ試験の力学 ··············· 162
4.4 薄膜の内部応力 ·· 163
　4.4.1 薄　膜　の　力　学 ·· 163
　4.4.2 基板の変形から求める内部応力 ······················ 164
　4.4.3 格子ひずみから求める内部応力 ······················ 166
　4.4.4 真性内部応力と熱応力 ···································· 169
4.5 薄膜の摩擦・摩耗評価と硬度測定 ··· 169
　4.5.1 摩　　　　　擦 ·· 169
　4.5.2 摩　　　　　耗 ·· 171
　4.5.3 硬質膜の摩擦・摩耗特性 ································ 174
　4.5.4 ナノインデンテーション ································· 176
4.6 ぬれ性・はっ水性評価 ··· 180
　4.6.1 接　　触　　角 ·· 180
　4.6.2 表面自由エネルギー ·· 181
　4.6.3 動　的　接　触　角 ·· 183
　4.6.4 接触角ヒステリシスと滑落角 ·························· 185

引用・参考文献 ·· 186
索　　　　　引 ·· 196

1. ドライプロセスとプラズマ

1.1 表面処理

　すべての物体には，大小や形状にかかわらず表面が必ず存在する。この表面に人工的に手を加えて表面性状を変化させるか，膜を形成させる（成膜という）処理が，表面処理（surface treatment または surface finishing）と呼ばれる技術である。本書の表題であるドライプロセス（dry process）とは，乾式めっき法（dry plating process）のことで，ウエットプロセス（wet process）すなわち湿式めっき法（wet plating process）とともに，表面処理に属する重要な技術である。英語の plating（めっき）の類似語として coating があり，拡散めっき（diffusion coating），セラミックコーティング（ceramic coating）などの用語が見られる。ペイントによる塗膜形成（塗装）に対しても coating が用いられるが，painting という場合が多い。このように専門用語の使い方には注意が必要で，また日本語と英語の対比を正確に記憶しておくべきである。学術用語より業界用語のほうが汎用される場合もある。

　めっきのおもな目的として，表面外観の美化，特性（例えば，硬さ，耐摩耗性，耐食性，接着性，耐熱性，はっ水性，親水性，絶縁性，導電性，磁気遮蔽性などに加えて，宇宙工学やエレクトロニクス，バイオテクノロジーなど新分野の進歩に関連した新しい表面物性）の付与が挙げられる。

　めっきとは，本来各種金属や非金属の製品の表面に薄い金属膜をかぶせる方法を指すが，現在は膜を構成する材料として，金属のほかにガラス，セラミッ

クス，プラスチックほか各種有機物など，驚くほど多種類の物質が利用されている。めっき法として非常に古い時代から利用されているのは湿式めっきで，その起源は紀元前 1500 年ごろまでさかのぼり，メソポタミア（現在のイラク）北部のアッシリアで，鉄器へのスズめっきが行われたとの記録がある。現在，工業用の機器や部品はもちろんのこと，あらゆる分野で使用されている工業製品のすべてに対して，めっきを含む何らかの表面処理が施されているといって過言ではない。我々が日常家庭で利用するほとんどの製品にも，材料の種類に関係なく，めっきが施されている。つまり，めっき技術がなければ，我々の生活は成り立たないのである。読者はこのことを念頭に置いて，以下で述べるプロセスの重要性を認識されたい。

　ウエットプロセスすなわち湿式めっき法とは，めっきしようとする物質（原料）を溶かした溶液（おもに水溶液）から，対象物表面にめっき膜を形成させる方法で，溶液の電気分解を利用して金属膜を形成させる電気めっき，電気を用いず化学的な還元法を利用して金属膜を形成させる無電解めっき，化学的処理により化合物膜を形成させる化成処理などに分類されるが，詳しいことは省略する。

　これに対して，ドライプロセスすなわち乾式めっき法は，原料を気体の状態（気相）にして供給し，対象物上に目的のめっき膜を形成させる方法で，物理的過程から成る物理気相成長法（physical vapor deposition，PVD，物理蒸着ともいう）と化学反応，化学的過程が関与する化学気相成長法（chemical vapor deposition，CVD，化学蒸着，化学気相析出ともいう）に分類される。本文中では略語の PVD，CVD が多用されているので注意されたい。ドライプロセスは湿式に比べて歴史は新しく，19 世紀の半ば以降に出現し，20 世紀半ばから急成長し始めた。溶液が不要なため廃液処理の必要がない，nm から μm オーダーの厚さを厳密に制御した薄膜形成ができる，従来見られない物性を示す新材料の膜を創製できる，などのメリットが生かされて，近年目覚ましい発展を遂げた。膜の成長速度（成膜速度）が遅く，装置が高価，装置のメンテナンスに手がかかる，などのデメリットもあるが，今後さらに進歩する可能性が高

い。

　以上述べたドライプロセスで，気相を構成する各種気体を電離させてプラズマ（plasma）の状態にして利用するPVD，CVDが，20世紀後半から急速に進歩した。電離気体（ionized gas）はイオンと電子を含む気体で，プラズマと言い換えてもよいが，より正確なプラズマの定義は「正負の電荷が等量存在する全体的には中性とみなせる電離気体」である。大部分の気体分子や原子（中性粒子）が電離していなくても，ごく一部が電離していればプラズマである。正の電荷を帯びているのは正イオン（positively charged ion：cation）で，負の電荷を帯びた粒子は電子であるが，特殊な条件下では中性粒子に電子が付着して負の電荷を帯びた負イオン（negatively charged ion：anion）が存在する場合もある。電離気体にプラズマという専門用語が普遍的に用いられるようになったのは，1928年のアメリカのラングミュア（I. Langmuir）による命名以降である。plasmaには鋳型という意味があり，ラングミュアが，放電管（いわば鋳型）の形状に従って低圧下の放電が隅々まで及ぶ様子を観察して名付けたとされるが，プラズマに固有な振動現象に由来するという別の説もある。

　プラズマプロセスでは，高いエネルギー状態（励起状態という）の粒子（分子，原子，イオン，電子など）が，成膜の物理的・化学的過程に関与するので，プラズマの存在しない場合に比較して，プラズマ独特の有利な効果が現れる。

　なお，以下ではドライプロセスを真空，プラズマと関連付けて説明するが，プロセスの歴史的発展の経緯についても簡潔に触れることにする。現在のドライプロセスの隆盛がもたらされたのは，先人の発明・発見と創意工夫があったればこそといえるからである。

1.2　ドライプロセスと真空

1.2.1　真空，真空を作る装置，種別と発展史概要

　PVDによる成膜は，通常密閉容器内で気体の圧力を標準大気圧以下にして

行われる．このような気圧の低い状態は真空（vacuum）と呼ばれる．成膜装置内に真空状態を作り維持するためには，排気つまり内部の空気を排除するポンプ（真空ポンプ：vacuum pump）が必須であるが，そのほか多くの重要な付属部品が挙げられる．例えば装置の密閉性を確保する耐真空シールが，その一つである．初めて人工的に真空を作り出したのはイタリアのトリチェリ（E. Torricelli）で，水銀を満たした長さ約 180 cm のガラス管の口をふさぎ，管を逆さにして水銀を満たした皿の中に垂直に立て，管の口を空けて水銀を流し出すと，管中に 76 cm の高さの水銀が残り，管の上部に真空部が残った．この有名な実験は 1643 年に行われた．時期を同じくして 1645 年には，最初のピストン型真空ポンプがドイツのゲーリケ（O. von Guericke）により作られ，かなりの真空度が達成された．それ以降 1860 年ごろまでこのタイプのポンプが広く用いられたが，適当なシール材がないため，高真空の達成は不可能であった．成膜容器への気体の導入部や排出部，内部を観察する覗き窓，口径の大きな蓋の部分，電流端子や回転部品の導入部などのシーリングが不十分だと，真空度は上がらない．管と管をつなぐ接合部分，例えばフランジ部分のシールの重要性は，誰でも気が付くことである．シール部に O リングが用いられているのを目にすることが多い．こうして 1850 年代半ばごろから優れたシール材の探求が盛んになり，いくつかの発明を経て，ようやく 1931 年にアメリカのニューランド（J. A. A. Nieuwland）により合成ゴムのネオプレン（Neoprene）が発明され，それまで利用されていた「ろう（wax）」によるシールの必要がなくなった．また，装置内の水蒸気を除くために種々の工夫がなされ，例えば五酸化リンのような強力な脱水剤が利用された．

　1855 年，ドイツのガイスラー（J. H. W. Geissler）は，前記トリチェリの発見を利用して，管中の水銀柱を上下させて容器内の空気を吸引するタイプの水銀ピストンポンプを作製したが，考案したのは同じ研究室のプリュッカー（J. Plucker）とされている．このポンプにはコックが使用されていたが，1862 年にはコックのない改良型がトプラー（A. J. Topler）により，1865 年さらにその構造を改善したポンプがスプレンゲル（H. J. P. Sprengel）により開発され

た。また，真空中への水銀蒸気の残留を減少させるため，デュワー（J. Dewar）により考案された極低温の液化ガスを利用するデュワーびん（Dewar flask）が真空トラップとして利用された。

　1907年，ゲーデ（W. Gaede）が回転翼型油回転真空ポンプ（oil-sealed rotary vane mechanical pump）を発明し，通称ゲーデ型油回転ポンプとして現在も活用されている。1910年ごろからは電動機駆動が一般的となった。1913年にはゲーデにより水銀拡散ポンプ（mercury diffusion pump）が発明され，ラングミュア（I. Langmuir）により排気速度が大きくなるように改良された。ポンプの材料は，水銀の使用に耐えるようガラスまたは鉄が用いられた。空気分子は空間に噴き出して広がっていく水銀蒸気中に拡散し，水銀蒸気とともに排気口に運ばれ除かれる。水銀蒸気が真空容器内に逆流しないように，液体空気など寒剤で冷却したトラップが常用された。水銀はポンプ容器の壁で凝縮する。1928年には英国のバーチ（C. R. Burch）が，拡散ポンプの作動液として，低蒸気圧の油が水銀に代わって有用であることを発見し，油拡散ポンプ（oil diffusion pump）が出現した。こうしてポンプの材料にも鉄以外の金属（例えば黄銅など）が使えるようになり，冷却トラップなしでも 10^{-2} Pa の真空が達成された。ヒックマン（K. C. D. Hickman）は，米国で低蒸気圧の合成油を用いた改良型の拡散ポンプ（分留型と呼ばれる）を用い，冷却トラップなしで 10^{-3}〜10^{-5} Pa の真空を達成した。かくして油回転ポンプと油拡散ポンプは，その後の真空とその応用技術の発展に大きな貢献をした。

　一般的に，真空容器内壁表面との相互作用の大きい気体分子を含まない真空を，質の良い真空と呼んでいる。そのような真空を作るためには，水銀や油のような作動液のない真空ポンプが必要となる。代表的なものがクライオポンプ cryopump），ターボ分子ポンプ（turbomolecular pump）などである。クライオポンプは，1960年代に液体ヘリウムのトラップが導入されて発展したが，広く使用されるようになったのは1980年以降である。ターボ分子ポンプはゲーデによって1912年に発明されていたが，現在実用されているのは，1958年のスタインハーツ（H. A. Steinhertz）とベッカー（W. Becker）の開発によ

る。ポンプの内側に，タービン翼のような構造を持つ円盤（動翼）と固定翼が組み合わさっており，円盤が高速回転すると，吸気口から入った気体分子に排気口への運動量が与えられる。油拡散ポンプに代わって多用されるようになり，いまや真空が関与する実験には欠かせないものになっている。

そのほか名前のみ挙げると，スパッタイオンポンプ，ゲッターポンプ，ソープションポンプなどがあるが，ターボ分子ポンプを除いて，原理的にはすべて気体の固体表面への吸着を排気に利用している。真空装置には，真空ポンプのほかに真空計やガス漏れ（リーク）の検出器，質量分析計など重要な付帯機器があるが，それらの詳細については，気体分子の運動，気体の排気速度，真空計の原理など，重要な基礎的事項とともに，2章以下で説明されるが，巻末の真空関係の引用・参考文献にも記載されている。

1980年ごろから極超高真空と呼ばれる領域が注目され始め，金属（おもにステンレス鋼かアルミニウム，チタンもある）製の真空容器の内壁表面の処理や真空加熱脱ガスが行われるようになり，現在 10^{-10} Pa の真空を達成する方法が確立されているといってよい。

1.2.2 真空蒸着の発展史概要

PVD の基本的・代表的プロセスとして，真空蒸着（vacuum deposition）がある。真空蒸着とは真空中で原料物質（蒸発源）を加熱蒸発させ，目的物の表面に付着固化させて薄膜を形成させるプロセスである。

歴史的には 1800 年代の後半にハーツ（H. Hertz）やシュテファン（S. Stefan）による平衡蒸気圧の研究が端緒となり，1909 年，クヌーセン（M. Knudsen）が，点状の加熱源からの蒸発に関して有名な余弦則（Knudsen's cosine law of distribution：固体表面の一点からの法線と α だけ傾いた角度に，気体分子が立体角 $d\omega$ 内で飛び出す確率が $\cos\alpha\,d\omega$ になる）を，1915 年には，蒸発源の平衡蒸気圧と気圧の関数として自由表面からの蒸発速度式を提示した。皮膜の堆積については，1884 年にエディソン（T. A. Edison）による特許の申請があるが，プロセスについての明瞭な記載がなく，1887 年のナールウォ

ルト (R. Nahrwold) の真空下での昇華による白金膜の形成が，加熱蒸発源を用いる真空蒸着の最初とされている。化学反応を伴う反応性蒸着については，1907年のソディ (F. Soddy) による Ca の蒸発実験が最初とされており，封管中に残留する気体と Ca の反応によるゲッタリング現象（gettering：化学的に活性な物質が気体分子を捕捉収着する現象）と考えられる。

1910年以降1900年代半ばまで，種々応用研究がなされた。蒸発原料用の新しいセラミック製るつぼ，タングステン線加熱のるつぼ，同じく炭素加熱体などが開発され，光学レンズの反射防止膜の蒸着（antirefraction coating）や紙への蒸着（paper foil capacitor の製造），高張力鋼への保護皮膜の形成，蒸発物の電子ビーム加熱法などが実用化された。1970年前後からは，電子ビームの方向を曲げて（例えば水平方向から垂直方向に）蒸発源に入射させる方法，真空容器の原料蒸発室と蒸着室の分離，蒸着室にプラズマを作り，反応性気体の活性化や蒸着膜のイオン衝撃による膜質の改善を行う方法，新しい電導性セラミック複合材製るつぼの開発など，そのほか非常に多くの実験例が公表されている。なお，反応性気体のプラズマを利用する蒸着プロセスは活性化反応性蒸着（activated reactive evaporation, ARE）と呼ばれ，1972年にバンシャー (R. F. Bunshah) により導入された用語である。

1.3 PVD，CVD とプラズマとのかかわり

1.3.1 気体放電によるプラズマ発生法発展の概要史とプラズマの分類

プラズマつまり電離気体の発生には，主として気体放電（gas discharge）の手段が使われる。discharge の本来の意味は「溜まっているものが放出されること」であり，物理的には「電気がある物体から他の物体に移ること」を意味する。最も古くから知られている自然の放電現象は雷である。1600年ごろからは，蓄積された電荷すなわち静電気（static electricity）による放電の実験が始まった。放電の形態は瞬発的な火花放電（spark discharge）である。歴史的に有名なライデン（Leyden）びんと呼ばれる蓄電器は，オランダのミュッセ

ンブルーク（P. Van Musschenbroek）とドイツのクライスト（E. G. von Kleist）により，1745年に独立して考案され，多くの放電研究者により使われた。1700年代後半には巨大なガラス板製摩擦起電機が開発され，高電圧放電の実験が進んだ。

　1800年にイタリアのボルタ（A. G. Volta）によりボルタの電池が発明され，持続する直流電流による放電の研究が可能になり，放電研究に革新がもたらされた。1800年代初頭には英国のデーヴィー（H. Davy）が大規模な電池の設備を利用して，炭素電極間のアーク放電（arc discharge）に成功した。このアーク放電は，低電圧高電流密度の放電で，現在でも熱プラズマ（thermal plasma）と呼ばれる気体温度の高いプラズマの発生に，工業的に用いられている。1831年に電磁誘導現象（electromagnetic induction）を発見したファラデー（M. Faraday）が，1838年には原始的なピストン型真空ポンプ（1.2.1項で述べたゲーリケ型か）を用いて，圧力1 000 Pa程度でグロー放電（glow discharge）の発生に成功した。それ以前の1678年に，フランスのピカール（J. Picard）が水銀バロメーターの頂部にグロー放電を認めたとの報告がある。グロー放電状態は気体温度の低い低温プラズマとして，熱プラズマよりも広くドライプロセスに応用されている。ほぼ同じ時期に，イギリスのダニエル（J. F. Daniell）により銅と亜鉛の電極を使ったダニエル電池が，またファラデーにより誘導発電機が発明され，放電研究が加速された。1855年，ガイスラーが，1.2.1項で述べたような新型の真空ポンプを使った放電管を実験に用い，本格的真空放電の研究が始まった。1884年，ドイツのパッシェン（F. Paschen）が，放電管内の対向する電極間の放電開始電圧は，電極間距離 d と気体圧力 p との積 pd の関数で，pd がある値のところに極小値を持つことを見い出し，後にこの結果はタウンゼント（J. S. Townsend）により理論的に証明された。近年注目されるマイクロプラズマ（寸法は1 mm～1 μm）の研究にも，この法則は生かされている。

　コロナ放電（corona discharge）と呼ばれる現象は，グロー放電と異なり，大気圧下での放電である。非常に古い時代から自然現象として観察されていた

表1.1 気体放電関連の概要史年表

西 暦	放電関連事象の内容	発見・発明者
1660	静電気放電（硫黄球の摩擦）	O. von Guericke
1675	水銀気圧計の上部真空部の放電と発光現象の観察	J. Picard
1706	強力な静電気放電（ガラス球の摩擦）電気力線	F. Hauskbee
1742	火花（spark）放電	J. T. Desaguilliers
1745	ライデン（Leyden）びん	E. G. von Kleist
1752	凧による雷の研究	B. Franklin
1808	アーク放電	H. Davy
1817	荷電粒子の移動度（mobility）	M. Faraday
1831	電磁誘導現象	M. Faraday
1835	グロー放電	M. Faraday
1848	グロー放電陽光柱中の強い光の縞の移動現象	A. Abria
1855	ガイスラーの放電管	J. H. W. Geissler
1858	上記放電管壁に生ずる輝きを蛍光と命名	G. G. Stokes
1860	平均自由行程（mean free path）	J. C. Maxwell
1869	放電管陰極からの放射線の直進性の証明	J. W. Hittorf
1870	電極間の放電に対する気体圧力の影響	W. Crookes
1876	放電管陰極からの放射流を陰極線と命名	E. Goldstein
1879	陰極線による機動力の実証	W. Crookes
1884	パッシェン効果（Paschen effect）	F. Paschen
1891	陰極線による加熱効果	G. H. Wiedemann
1895	陰極線の対極集中によるX線の発生	W. C. Roentgen
1895	陰極線は負に帯電した粒子（電子）の流れ	J. B. Perrin
1897	電磁界による陰極線偏曲，電子は電荷の基本単位	J. J. Thomson
1897	サイクロトロン周波数（cyclotron frequency）	O. Lodge
1898	気体の電離（ionization）	W. Crookes
1899	輸送方程式	J. S. Townsend
1905	荷電粒子の拡散	A. Einstein
1906	プラズマ周波数（plasma frequency）	L. Rayleigh
1915	二極性拡散（ambipolar diffusion）	H. von Seelinger
1921	ラムザウアー効果（Ramsauer effect）	L. W. Lamsauer
1925	シース（sheath）	I. Langmuir
1928	プラズマの命名，定義	I. Langmuir
1929	デバイ長さ（Debye length）	P. J. W. Debye
1935	速度分布関数	W. P. Allis

ようであるが，実験では細いワイヤ電極と平板電極の間で起こりやすく，短時間にパルス電流が繰り返し流れる。1878年にレントゲン（W. C. Roentgen）がコロナ放電の系統的な研究を行っている。局所的に強い電場が生じる場所に発生する部分放電である。同じ大気圧下の部分放電に無声放電（voiceless または silent discharge），沿面放電（surface discharge）がある。無声放電はバリヤー放電（barrier discharge）とも呼ばれ，電極面上に置かれたバリヤー（石英ガラスのような誘電体）を介しての放電であり，沿面放電も誘電体バリヤーを介しての針状電極間の放電である。いずれも誘電体表面を放電が覆っている状態になる。コロナ放電と同じくパルス放電である。1870年ごろから1900年ごろまでは，放電管陰極から出る陰極線（cathode ray）の研究が盛んになる。

1600年代から1900年代初頭までの気体放電関連の重要な研究成果の概要を表1.1に年代順に示す。この文中で説明を省いた重要事項もいくつか記載してあるので，お許しいただきたい。20世紀に入ってから1960年ごろまで，著名な放電プラズマの研究者が輩出し，プラズマ研究の基礎を築いた。詳細を理解したい読者は，巻末の引用・参考文献を参照されたい。

1.3.2　近年における各種プラズマ発生法の開発と得られるプラズマの違い

放電の研究では図1.1に示すように，対向する電極間の直流放電（direct current discharge）により発生するプラズマ（direct current plasma, DC plasma）がおもに利用されてきた。陰極に仕事関数の小さい物質（BaO，LaB$_6$ など）を用いれば，低温でも多くの電子放出があり，低圧力でも放電維持が容

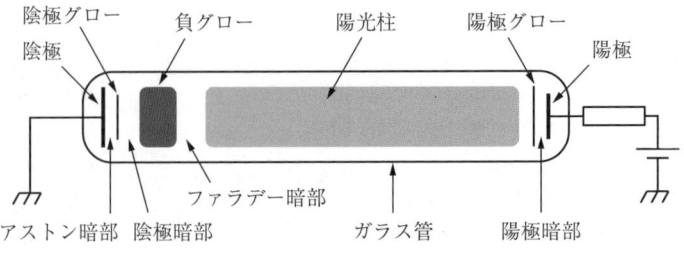

図1.1　直流放電のモデル図

易になる。円筒型の片方を閉じた電極を陰極に用いると，放電の電流密度が上がる。ホロー陰極放電（hollow cathode discharge, HCD）と呼ばれる。

図 1.1 は不活性ガスの圧力 1 Torr（133 Pa）程度のグロー放電のモデルを示しており，圧力を下げていくと，陽光柱が消失し，負グローと呼ばれる領域が全体に拡大する。放電電流を増加させていくと，多量の高エネルギーの正イオンが陰極に衝突し陰極の温度が上がり，熱電子放出が急激に増えてアーク放電に移行し，定常的な状態では低電圧・大電流放電となる。このような直流低圧放電の典型的な電圧 - 電流特性を**図 1.2** に示す。

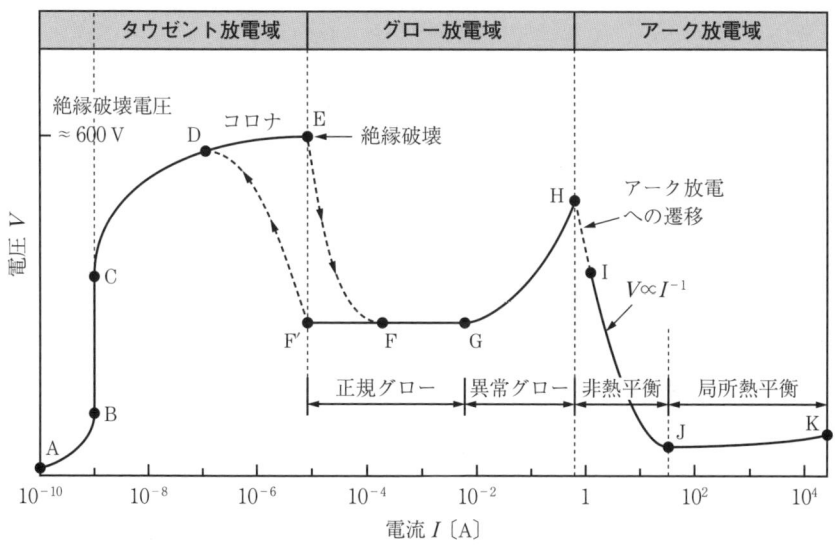

図 1.2 直流低圧放電の典型的な電圧-電流特性

アーク放電では，圧力が 10 Torr（1.33 kPa）程度では電子温度がイオン温度や中性分子温度より高いが，100 Torr（13.3 kPa）程度になると各種粒子の温度がほぼ等しくなる。この状態では近似的に局所熱平衡（local thermal equilibrium, LTE）が成立しており，熱プラズマと呼ばれ，高圧力（高気圧）アーク放電の特長でもある。大気圧の直流アークをジェット状にして外部に吹き出させる装置は，直流アークプラズマトーチと呼ばれ工業的に用いられている。

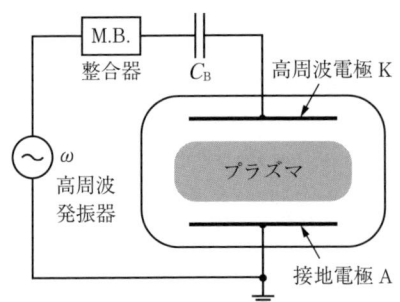

図 1.3 RF 電圧印加による平行平板型容量結合プラズマ

PVD，CVD で最も広く使われているのは，図 1.3 のように，上下 2 枚の平行平板型電極を適当な距離で対向させた構造で，直流放電プラズマよりも高周波放電プラズマ（radio frequency plasma, RF plasma，周波数は電波法で割り当てられた 13.56 MHz）の発生によく用いられる。通常，下側の電極は接地し，上部の電極を高周波電源につなぐ。プラズマ部分を誘電体とするとコンデンサー構造なので，このプラズマは容量結合（型）プラズマ（capacitively-coupled plasma, CCP）と呼ばれる。圧力 10 〜 1 000 Pa，電極間距離数 cm 内外，高周波電力は大きくても，たかだか 200 〜 300 W 程度，プラズマ密度は 〜 10^{-16} m^{-3} と，それほど高くはない。この高周波放電の特色として，電源側電極に自己バイアス（self bias）と呼ばれる負の直流電圧が自然的に発生する。プラズマのほうが電位が高いので，正イオンが加速されて衝突する。よって，試料基板にイオン衝撃を与えたい場合は，この電極上に置き，それを避けたい場合は接地側の電極上に置く。高周波電圧のほとんどは電源側電極に印加されることが実験的にわかっている。容器全体も接地されるので，これを含めると接地電極の面積は高周波印加電極の面積より，かなり大きくなり，非対称放電と呼ばれている。

石英管の周囲に巻いたヘリカル状のコイル（ヘリカルアンテナ）あるいは反応容器上部の石英板製の蓋の上に配置したスパイラル状のコイル（スパイラルアンテナ）に高周波電流を流すと，同じように変化する磁界が石英管や反応容器内に生じ，それにより誘導発生した電界がプラズマ内の電子を加速し，プラズマが維持される。これを誘導結合（型）プラズマ（inductively-coupled plasma, ICP）と呼ぶ。圧力範囲 1 〜 40 Pa において，電子温度 2 〜 4 eV，電子密度 10^{17} 〜 10^{18} m^{-3} のプラズマである。電子密度が容量結合型より高い。ファラデーの電磁誘導の法則が見事に利用されている例である。以下にドライプロ

1.3 PVD, CVD とプラズマとのかかわり　　*13*

セス用に開発された注目すべきいくつかのプラズマ発生法を挙げておく。

　直流放電の平板状陰極に平行に磁場をかけると，陰極近傍で電子の周回運動が生じる。この効果（magnetron effect）により密度の高い直流マグネトロンプラズマが得られる。周波数 2 450 MHz（2.45 GHz）のマイクロ波を利用するのがマイクロ波放電プラズマである。また，磁場中で電子は磁力線に巻き付いて回転運動をし，磁場の大きさにより回転の周波数（電子サイクロトロン周波数）が決まり，これが外から加えるマイクロ波の振動電場の周波数と一致すれば，高密度プラズマが発生する。これを電子サイクロトロン共鳴プラズマ（electron cyclotron resonance plasma, ECR plasma）という。磁場中で電子サイクロトロン周波数よりもかなり低い適切な周波数の高周波電流を石英管の周囲に配したアンテナに流し，ヘリコン波プラズマ（helicon wave plasma）と呼ばれる高密度のプラズマを低圧力で作ることができる。このほか表面波プラズマ（surface wave plasma, SWP）の発生法が開発されている。高密度プラズマの内部には電磁波は伝播できないが，強いマイクロ波を反応装置の石英板の外側（大気側）から導入すると，内側のプラズマ表面に励起された表面波が生じてプラズマにエネルギーが注入される。大口径（例えば 30 cmφ くらい）の高密度プラズマが得るのに向いている。おもに不活性ガスを用いて大気圧下でグロー放電（大気圧グロー放電プラズマ：atmospheric pressure glow discharge plasma）を発生させる方法が注目されている。対向する平板電極間に誘電体を置くのでバリヤー放電の一種と見られる。

1.3.3　PVDと非平衡プラズマ

〔1〕　**スパッタ成膜法**　　スパッタ成膜法（sputter deposition process）はPVDの代表的方法の一つで，スパッタリング（sputtering）と呼ばれる現象を利用している。放電プラズマ内で発生した不活性ガス，例えばArのイオンを，電界で加速して固体の目標物（ターゲット）に照射すると，ターゲットを構成している物質の原子，あるいは分子が表面から弾き出され飛散する。この現象はスパッタリングと呼ばれ，弾き出された原子あるいは分子を基板表面に膜状

に堆積させるプロセスがスパッタ成膜法で、スパッタ蒸着ともいわれる。グローブ（W. R. Grove）がスパッタリングの最初の研究者とされており、1852年に銀のスパッタ蒸着の実験を行った。ただし、グロー放電の研究者たちは、それ以前に、この現象に気付いていたと考えられている。続いて1854年にファラデーが、スパッタリングによる膜の堆積を報告している。1877年にYale大学のライト（A. W. Wright）が、スパッタ蒸着の最初の応用として鏡を作成した。1891年に放電研究で著名なクルックスが、"Electrical Evaporation"の題目でスパッタ蒸着に関する最初の著作を出版している。1902年のエディソン（T. A. Edison）のパテントには、鏡以外の応用についての記載がある。1930年代に入ってから化合物のスパッタ蒸着（薄膜の光学的作成）など、新しい応用に進展が見られた。1933年にオーバーベック（C. J. Overbeck）により、初めて反応性気体中でのスパッタ蒸着（反応性スパッタ蒸着：reactive sputtering deposition）について報告がなされた。このreactive sputteringという用語は、実際は1953年に、ヴェスツィ（G. A. Veszi）により導入された。1975年にカーソン（W. W. Carson）が反応性スパッタ蒸着による工具への硬質皮膜のコーティングを発表し、1980年代半ばに実用化された。

　1930年代の後半から1940年代にかけて、ペニング（F. M. Penning）により発見されたペニング効果（放電管にNeとArを封入して放電させると、Ne単独の場合より、はるかに低い印加電圧で放電が生ずる）を利用したペニング放電で、電場と磁場をうまく組み合わせてターゲットの表面近傍に電子を閉じ込め、低圧でスパッタリングを促進させる方法が考案され、ペニングマグネトロンと呼ばれるタイプの装置が種々開発された。1970年代に入り、ソントンら（J. R. Thonton, et al.）により、1980年代から1990年代にかけてマトックス（D. M. Mattox）はじめ多くの研究者たちにより、同じ原理を用いる装置・方式の改良がなされ、実用化が促進された。かくして現在、平板（プレーナー）マグネトロンスパッタリング法（planar magnetron sputtering）と呼ばれる方式が確立した。円板状ターゲットの裏面に磁石が配置され、磁石の回転により、なるべくターゲット面の広い面積から均等にスパッタリングが進むように工夫さ

1.3 PVD, CVD とプラズマとのかかわり

れている。非マグネトロン法に比較して，低圧力，高スパッタリング効率，低基板温度での成膜が行える上，大面積のターゲット（原材料）を低温度で長く使用できる。しかし，放電プラズマがターゲット表面近傍の小さな容積に閉じ込められているので，反応性スパッタの場合には反応性気体のプラズマによる活性化が十分行われない恐れがある。これを避けるために補助的なプラズマ源を導入する試みがなされたが，けっきょく 1979 年にティア（D. G. Teer）が提案したアンバランストマグネトロン（unbalanced magnetron）と呼ばれる方式を採用したスパッタ蒸着が広く行われるようになった。電場・磁場によって閉じ込められている部分から電子の一部が逃げ出せるように工夫し，その電子によってターゲット表面から離れた場所にプラズマを作り，反応性気体の活性化にこのプラズマを利用する。1988 年にはエステ（G. Este）とウエストウッド（W. D. Westwood）が 2 個のマグネトロンスパッタリングターゲットを組み合わせた dual magnetron sputtering 装置を開発した。ターゲットの一方が陰極として作用する間，他方は陽極として作用し，極性は交互に変わるようになっている。このような手段は，反応性スパッタ蒸着により高い絶縁性の膜を堆積させるような場合，ターゲットへの反応性気体の影響を抑えるのに有効である。

　1962 年に，アンダーソンら（G. S. Anderson, et al.）が，高周波放電に起因するスパッタリング（RF sputtering）により装置ガラス窓内側に皮膜が堆積することを確認した。それ以降も RF スパッタ蒸着とターゲット面に生ずる self bias 効果（1.3.2 項参照）との関連について，いくつもの研究結果が報告されている。誘電体などの絶縁物をターゲットに用いる場合，直流放電が困難になるため，ターゲットと真空容器の間に高周波を印加する方式が用いられる。

　以上述べたことからもわかるように，スパッタ蒸着法は 1970 年代半ばごろから応用分野の広がりとともに急速に発展し，従来の電気めっきや真空蒸着に代わって利用されるケースも急増した。現在も薄膜作製に欠かせない最も重要なドライプロセスの一つである。

〔2〕 **イオンプレーティング法**　　イオンプレーティング法（ion plating

process）は，プラズマ効果を加味した真空蒸着法で，低圧の不活性気体（通常アルゴン）をプラズマ状態にし，基板に負の電圧を印加してプラズマからのイオンによる衝撃（ion bombardment）を与え，同時に蒸発源から飛来する原料物質もプラズマ中で一部イオン化して，基板上に皮膜として堆積させるプロセスである。イオン衝撃は基板表面をスパッタリングにより清浄化する効果がある。プラズマ中に反応性の気体を導入して蒸発物と反応させて皮膜を形成させる手段がよく採用される。すなわち，反応性真空蒸着とプラズマとの組合せである。したがって以前は，化学的イオンプレーティング（chemical ion plating）あるいは低圧タイプのプラズマ励起 CVD（plasma enhanced chemical vapor deposition, PECVD, 1.3.4 項参照）と呼ばれることがあった。上記プロセスの実験は，1963 年にマトックス（D. M. Mattox）によって行われたが，イオンプレーティングが専門用語として確定したのは 1968 年で，これもマトックスの働きによるとされる。ほかには，イオンアシスト堆積法（ion assisted deposition, IAD），イオン蒸着法（ion vapor deposition, IVD）という用語がある。イオン衝撃は基板上の成長する皮膜の表層に熱エネルギーを与えるので，内部（バルク）との間に大きな温度勾配が生ずる。基板は裏面から冷却する場合もある。イオン衝撃は皮膜の密度の増加（皮膜の緻密化）をもたらすとともに，皮膜に大きな圧縮応力を残留させ，基板との密着性に問題が生ずる。プラズマ中で励起された反応種は堆積する物質との反応性が非常に高まる。マトックスは，気体の圧力が 10～40 mTorr で行われるイオンプレーティングでは，平板のみならず 3 次元的形状のどの面にも均等に良い被覆（surface coverage）が得られる利点を強調している。気相中に生成しがちな超微細な不純物粒子（soot：すす）は，プラズマ中で負の電荷を帯び，負の電位にある基板（negatively biased substrate）から遠ざけられて，容器の壁に凝縮する。この現象は，高速大量処理の場合には問題になる。マトックス以前の研究では，1938 年と 1942 年のバーグハウス（B. Berghaus）のパテントにイオンプレーティング装置によく似た構成の装置に関する記載があるが，技術論文として公表されなかったので，一般には知られていない。1962 年のウエーナー（F.

Wehner) のパテントには，あとにスパッタイオンプレーティング（sputter ion plating）と呼ばれた方法が記載されている．スパッタ源と基板との間に非対称的な交流電圧を印加することで，基板に周期的にイオン衝撃を与える．

1960 年代後半から 1980 年代にかけては，イオンプレーティングの特長と有用性に着目した多くの研究者たちや技術者たちが，新しい装置の開発や応用について競合して取り組むようになった．1960 年代半ばに，蒸発源の加熱に電子ビームを用いる方法が導入され，チャンバーら（D. L. Chambers and D. C. Carmichael）が改良して，蒸発源の加熱と反応性気体の活性化を有効に行えるようになった．磁場を印加して電気絶縁性の表面に電子を導いて負のバイアス電位を生じさせ，イオン衝撃が可能になる方法も開発された．高周波印加によるバイアス電圧付与の方法に代わるものである．高真空下での成膜のために，真空イオンプレーティング（vacuum ion plating）と呼ばれる方法がある．イオンビームアシスト蒸着法（ion beam assisted deposition, IBAD）が，これに当たる．不活性または反応性気体を用いるイオン源からのイオンで蒸着物質をたたく．1969 年にアイゼンバーグら（S. Aisenberg and R. Chabot）により研究が進み，1973 年にアイゼンバーグは高エネルギー炭素イオンから DLC（diamond-like carbon）を堆積させることに成功している．以降，金属窒化物，炭化物など硬質皮膜の工具へのコーティングが盛んになった．DLC のコーティングは最近のトピックスでもある．

日本では 1974 年に村山，柏木ら（Y. Murayama, K. Kashiwagi, et al.）により，蒸発源上部近傍に高周波コイルを配置して気体分子の高周波励起を行う高周波励起イオンプレーティング法が開発され，比較的低ガス圧（～ 10^{-4} Torr）での安定した放電が可能になり，現在に至るまで広く用いられるようになった．また，1977 年には小宮（S. Komiya）により，中空陰極放電を利用する方法が開発された．HCD プラズマガンから出るプラズマビームで原料の金属を蒸発させる．低電圧・大電流プロセスであり，ビームは気体イオンが主体となる．

1.3.4 CVDとプラズマCVD

CVDとは，反応管内に原料ガスを供給し，化学反応を経て基板上に目的の成分から成る膜を形成させるプロセスで，化学反応は基板表面あるいは気相中で生じる。最初に原料の加熱による分解反応や化学反応を利用するプロセスが実用化され，熱CVD（thermal CVD）と呼ばれた。後年，プラズマにより原料ガス分子を励起して反応性を高めるプラズマCVD（plasma CVD（PCVD），plasma enhanced CVD（PECVD））が登場した。以下に発展の概要を述べる。

1880年にソーヤーら（W. E. Sawyer and A. Man）が炭化水素系ガスの熱分解により炭素を堆積させ，1891年にはモンド（L. Mond）がニッケルカルボニルの熱分解によりニッケルを析出させた。1896年には金属塩化物の水素還元による金属膜の生成も報告されている。これら初期の研究は，すべて大気圧下のCVDである。1930年代には，高融点金属化合物の熱CVDが実用化されており，1948年にランダーら（J. J. Lander, et al.）が大気圧下の熱CVDをさらに発展させた。1969年，ドイツのクルップ社がCVDによるTiC被覆の超硬度合金切削工具を開発し，その後の技術の競合発展に大きな貢献をした。

減圧真空下の反応化学種を含むプラズマからの成膜プロセスは，初期のころはグロー放電堆積（glow discharge deposition）と呼ばれた。1911年にボルトン（W. von Bolton）により水銀蒸気存在下でのC_2H_2の放電分解によるダイヤモンドの種結晶の堆積に関する報告がなされた。時を経て1953年にシュミーレンマイアー（H. Schmellenmeier）がプラズマ堆積させた炭素膜を研究し，DLCの存在を明らかにしたとされるが，DLCの名称は1971年にアイゼンバーグらが論文中で初めて使用したといわれる。現在CVDのみならずPVDも含めてさまざまな方法でDLC成膜が行われている。世界的に著名になったCVDによるダイヤモンド膜作成者（B. V. Derjaguin）は，論文による公表が1968年であるが，それよりだいぶ前に成功していたといわれる。日本では1982年と1983年に，無機材研究所（当時）の研究グループが，熱フィラメントCVD法（hot filament CVD）とマイクロ波プラズマCVD法（micro wave plasma CVD）により，ダイヤモンド薄膜の堆積に成功してからしばらく，作成プロセスと応

用研究ブームが続いたことがある。その後，高温超電導体の発見のため熾烈な競合が続き，プラズマプロセスもブームの一端を担ったことがある。

1971年にラインバーグ（A. R. Reinberg）が，典型的な平行平板型対向電極（下側は接地，上側は装置の蓋で高周波電源につなぐ）を用いる高周波駆動タイプのPECVD反応器を開発し，"Reinberg reactor" と呼ばれて多用されるようになった。気相の圧力を $10 \sim 50$ mTorr の範囲に下げた LP（low pressure）PECVD では，負のバイアス電位を基板に印加すれば高エネルギー粒子の衝突効果を期待できる。このアイデアは，すでに1967年のマトックスのパテントに記載があり，chemical ion plating と呼ばれていた。1975年にスピアら（W. E. Spear and P. G. LeComber）は，主原料のシラン（SiH_4）に B_2H_6 または PH_3 を添加して PECVD により，p型，n型のアモルファスシリコン（amorphous silicon, a-Si）の半導体膜の作成に成功し，世界的に注目されて研究が進み，アモルファスシリコンの特性に勝る微結晶シリコン（micro crystalline silicon, μc-Si）が登場した。

放電プラズマによりガス状の有機分子（モノマー）を活性化させて重合反応を進行させ，高分子化した重合膜を基板上に堆積させる実験は，1874年にデウィルデ（P. DeWilde）によって行われている。このプラズマ重合（plasma polymerization）は，1960年代以降，防食のためのピンホールのない薄膜が要求されるようになって初めて脚光を浴び始め，1970年代から1990年代にかけて盛んに研究が行われた。安田（H. Yasuda）が先駆者として著名である。

1.3.5 プラズマからの活性種と表面の反応，改質層の形成

代表的なプロセスはプラズマ（イオン）窒化法（plasma or ion nitriding）とプラズマ（イオン）浸炭法（plasma or ion carburizing）である。両者を複合させた浸炭窒化法（carbonitriding）もある。

高級鋼の表面から内部に窒素を拡散させて高硬度の表面層を形成させる方法の一つとして，1923年にフライ（A. Fry）によりガス（アンモニア）窒化法が開発され，長い間実用されてきた。この改良法として登場したのがプラズマ窒

化法である。1932年にドイツのベルグハウス（B. Berghaus）により発明された。ラングミュアが活躍した時代である。しかし，実用化はかなり遅れて，1967年ごろにドイツおよびスイスで進み始めた。0.1～10 Paの真空下で窒素（通常水素を混合）を反応ガスに用い，被処理体（通常は窒化に適した鉄系材料）を陰極，反応容器を陽極として数百Vの直流電圧を印加してグロー放電を発生させる。通常処理温度は400℃以上800℃程度である。長尺物や複雑な形状の被処理体を利用できる。被処理体の表面全体がグロー放電で覆われた状態で窒化が進行する。プラズマ中のイオンは加速されて被処理体表面に衝突し，これにより加熱と同時にスパッタリング作用で表面は活性化されつつ，励起窒素分子や窒素ラジカルと反応し，窒素は内部に拡散浸透し，硬化層が厚みを増していく。この放電は正確には異常グロー（abnormal glow）と呼ばれ，通常のグロー放電からアーク放電に移行する遷移領域のグロー放電で，電圧の上昇とともに電流密度が増加する範囲で，アーク領域に遷移すると，電圧が下がり低電圧大電流の放電になる。日本では1973年に初めて国産の装置が動き始めた。過去の窒化法に比較して，ステンレス鋼のような難窒化材も処理でき，処理時間も大幅に短縮され，減圧密閉器内の処理で作業環境が良く，無公害プロセスである。

近年，日本では，ラジカル窒化（radical nitriding）と呼ばれる方法が開発された。アンモニアと水素の混合気体のグロー放電により，プラズマ密度（イオン密度）の低い弱いプラズマを形成させ，被処理材表面に対するイオンの影響をできるだけ低く抑えて，反応性の高い中性の活性化学種（おもにラジカル種）による窒化反応を進行させる。窒素の拡散層内に特性上問題となる窒素化合物の生成を抑えるプロセスである。ただし，プラズマ加熱だけでは非処理材の温度を十分上げられないので，外部から加熱する方法をとっている。

浸炭処理とは，金属（おもに低炭素鋼か低炭素合金鋼）の表面から炭素を内部に浸透させて表面硬化層を形成させるプロセスである。炭素を含む固相や液相から浸炭させる場合もあるが，現在は炭素系ガス（二酸化炭素やメタン）を含む気相からの炭素拡散を利用するガス浸炭法が主流になっている。プラズマ

（イオン）浸炭法はガス浸炭法の改良プロセスである．被処理材を真空炉内で浸炭温度までヒーターで加熱し，メタン，プロパンなどの炭化水素系のガスを含む希ガス（圧力 2～3 Torr）を流し，炉体を陽極，被処理材を陰極として数百 V の直流電圧を印加してグロー放電を発生させる．処理後の表面は清浄で光輝性を保ち煤の発生がなく，従来法より低温迅速・無公害処理であり，難浸炭材にも適用できる．この方法の起源が 1830 年代のファラデーにまでさかのぼるといわれるのは，彼の発見がグロー放電のみにとどまらなかったことを示唆している．

1.3.6 熱プラズマによる成膜法

〔1〕 **アーク蒸着法** すでに述べたように，1800 年にボルタの電池が発明されてから，低電圧大電流のアーク放電の研究が進んだ．アーク放電で得られるプラズマは気体温度の高い熱プラズマである．1839 年には雰囲気制御のアーク炉が，1903 年には真空アーク炉が出現している．これらは金属の溶解用である．1857 年にファラデーが真空蒸着を行っているが，原料物質の蒸発にはアーク放電を利用したとされている．アークを用いた蒸着すなわちアーク蒸着（arc vapor deposition）では，蒸発源は溶融した陽極（anodic arc）あるいは固体陰極上の点状の溶融部（cathodic spot）である．後者は陰極アーク放電（cathodic arc discharge）と呼ばれる．蒸発物のイオンは加速されて高い運動エネルギーを持っている．1884 年，1902 年にはエディソンのアーク蒸着に関するパテントが公表されているが，しばらく研究には空白があり，1954 年にアーク蒸着による炭素膜，1962 年，1965 年に金属膜の作製の報告がある．陰極アーク放電では，蒸発は固体表面の溶融スポットから起こり，しかもこのスポットは表面上を絶えず動き回る．1970 年代半ばにはソ連で，この現象を利用したアーク蒸着法が発展し実用化された．日本ではこの方法はアークイオンプレーティングと呼ばれている．

〔2〕 **プラズマ溶射被覆法** アーク放電熱プラズマの重要な応用としてプラズマ溶射被覆法（plasma spray coating）が実用化されている．溶射被覆法

とは，被覆用の原材料（金属，セラミックスの粉末，ワイヤなど）を加熱溶融して液状微粒子化し，被処理材（基材）板表面に高速で吹き付けて偏平状のつぶれた形状で微粒子を堆積させ，急冷凝固により皮膜を形成させるプロセスである．この高速吹付け用の器具はガン（gun）と呼ばれるが，プラズマ溶射被覆法では，加熱から吹付けまで含めてアーク放電を利用したプラズマガン（plasma gun）が活躍する．プラズマガンの基本的構造は，タングステンの棒状陰極と短い円管状の銅陽極（内部から水冷）から成るトーチ型の器具で，原料粉とガス（アルゴンなどの不活性ガス）の供給口が付属しており，プラズマトーチ（plasma torch）とも呼ばれる．溶融した原料粉末を含む高速のプラズマガス流（plasma jet，プラズマジェット）が銅陽極から噴出して機材表面に衝突し，皮膜が形成される．PVD，CVDに比較して成膜速度は格段に速いが，基材の表面を粗くして（粗面処理），皮膜が表面とよく機械的にかみ合うようにすると，皮膜の表面に対する密着性が向上する．皮膜には微小な気孔や空洞が含まれるので，それをふさぐ封口処理と呼ばれる後処理を必要とする場合がある．

〔3〕 **熱プラズマ CVD**　プラズマ研究の歴史の項でも触れたように，1884年にヒットルフがライデンびんとガイスラー管を用いて，低圧希ガスのリング状の無電極高周波放電（グロー放電と思われる）に成功した．1947年にババート（G. L. Babat）が，圧力を大気圧程度とし放電への入力を上げればアーク状の放電が得られることを見い出した．1961年には，リード（T. B. Reed）が現在，高周波誘導結合型プラズマ（radio frequency inductively coupled plasma, RFICP）と呼ばれている熱プラズマ発生装置の原型を公表した．石英管やセラミックス管の周囲にコイルを巻き，それに高周波電流（周波数は商用周波数の13.56 MHz以下数MHz程度）を流すことにより，管内を通過する気体（〜1 atmまたはそれ以下の適当なレベルに減圧）を電磁誘導的に加熱し，超高温の熱プラズマが作られる．プラズマ内に電極物質が不純物として混入する心配がない．また，プラズマ容器壁を外側から冷却すれば，プラズマが自己収縮作用により容器壁に接触することもない．これらの特長を生かし

て，1970年代以降いち早く，ICP発光分光分析法が実用化され，ついで金属やセラミックスのナノ粒子を，化合物原料からプラズマ内の化学反応を経て作製する研究が活発に行われ，超高純度の石英ガラスの製造や高融点セラミックス膜やSi膜の高速CVDプロセスの開発へと発展し，一部企業化されて今日に至っている。

1.4 ま と め

　初めてプラズマや表面処理のドライプロセスに接する学生諸氏に，どのようなことから説明すべきか頭を悩ましながら，歴史的な発展を中心に最も初歩的なプロセスの紹介から始めてみた。それでもわかりにくい点が多々あるかもしれない。基本的・原理的に重要な事項を学んでからでないと，真空・プラズマ・イオンプロセスの本質を理解するのは難しいが，詳しくは2章以降を参照されたい。

2.

真空およびプラズマ

2.1 真　　空

2.1.1 気体圧力と真空

　現在,さまざまな工業プロセスや計測・観察・診断法において,真空環境は製品や計測結果を大きく左右する,重要な因子の一つと認識されており,真空環境に関する知識は,エンジニアリングの分野では必須のものとなりつつある。

　工学的な「真空」とは,標準大気圧より圧力が低い状態のこととされている。真空の度合いは,圧力で評価することとなっており,JISで**表2.1**のように規定されている[1]†。このように,真空の度合いは桁で異なるため,「目的とするプロセスに対して,気体分子の存在を無視できる状態」であると解釈することもある。

　なお,圧力の単位として,以前は「Torr（トル）」や「bar（バール）」がよ

表2.1　JISによる真空の区分

領　域	英語名	圧力範囲
低真空	low vacuum	100 Pa 以上
中真空	medium vacuum	100 ～ 0.1 Pa
高真空	high vacuum	0.1 ～ 10^{-5} Pa
超高真空	ultra-high vacuum	10^{-5} Pa 以下

---

†　肩付き数字は,巻末の引用・参考文献番号を表す。

く用いられていたが，近年の国際単位系（SI）への移行に伴い，真空計の表示や，論文や教科書での記述において，「Pa（パスカル）＝N/m²」が推奨されている．圧力単位の換算を**表2.2**に示す．

表2.2 圧力単位の換算

	パスカル	バール	気圧	トル
1 Pa	≡1 N/m²	=10⁻⁵ bar	≈9.87×10⁻⁶ atm	≈7.5×10⁻³ Torr
1 bar	=100 000 Pa	=10⁶ dyn/cm²	≈0.987 atm	≈750 Torr
1 atm	=101 325 Pa	=1.013 25 bar	≡標準気圧	=760 Torr
1 Torr	≈133.322 Pa	≈1.333×10⁻³ bar	≈1.316×10⁻³ atm	≡1 mmHg

真空を作るには，空気の入り込んでこない容器と，中の空気を排気するポンプが必要である．真空容器としては，小型のものではガラス製の容器を使うと加工も容易で便利である．しかし，真空容器には1 cm²当り約1 kg重の力がかかり，30 cm×30 cm四方では約1 tの力が加わるので，大型装置ではガラスは使えず金属容器が多く用いられる．高真空装置では，主としてステンレス製の容器を用いることが多い．

図2.1（a）に示す容器は，完全密閉可能な容器であると仮定する．容積は V で，最初 P_0 の気体が入っていたと考える．排気速度 S で導管を通して真空ポンプで内部の気体の排気を始めたとする．t 秒後に容器内の圧力が P となり，さらに dt 秒後に圧力が $P+dP$ となったとすると

$$-VdP = SPdt \tag{2.1}$$

が成立する．左辺は内部の気体の量の減少を示し，右辺はポンプによって容器から排気された気体の量を示している．この S はポンプそのものの排気速度

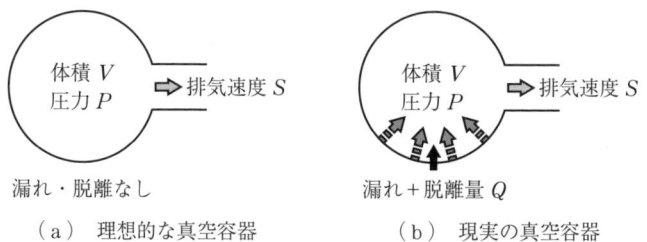

（a）　理想的な真空容器　　　（b）　現実の真空容器

図2.1　真空容器

ではなく，容器の入り口のところでの排気速度である．排気速度は体積速度で表示しているから，これに，このときの圧力 P をかけたものが単位時間に排出される気体の量，すなわち流量になる．式 (2.1) を積分して初期条件を入れると

$$P = P_0 \exp\left(-\frac{S}{V}t\right) \tag{2.2}$$

となる．ほかから気体が補給されない限り，容器内の気体の圧力はいくらでも低くなり，ついには 0 となるはずである．この式の V/S を時定数（time constant）と呼ぶ．

しかし，現実の真空容器では，図（b）のように，圧力の低下に伴って真空容器の内面から気体が少しずつ放出される．大気中にさらされていた表面は気体を吸蔵しており，また水蒸気やその他の分子が表面に吸着されているためである．容器を完全に気密にするのはきわめて困難であり，わずかな漏れや，器壁を透過する気体が存在する．この器壁からの放出ガス漏れが真空装置の到達圧力に大きな影響を与えるのである．

放出ガス漏れによって容器内に加わる気体の量が定常的に Q であるとすると，式 (2.1) は次式のように書き換えられる．

$$-VdP + Qdt = SPdt \tag{2.3}$$

これを解くと

$$P = \left(P_0 - \frac{Q}{S}\right)\exp\left(-\frac{S}{V}t\right) + \frac{Q}{S} \tag{2.4}$$

十分に時間が経過したときは，式 (2.4) の第 1 項はきわめて小さくなり，定常状態では

$$P = \frac{Q}{S} \tag{2.5}$$

となる．例えば，排気速度 $S = 150\ l\cdot s^{-1}$ のポンプで排気していて，$1\times 10^{-2}\,\mathrm{Pa}$ までしか圧力が下がらないときは

$$Q = SP = 150 \times 1 \times 10^{-2} = 1.5\ \mathrm{Pa}\cdot l\cdot s^{-1} \tag{2.6}$$

になるから，1気圧（～1×10^5 Pa）換算で 0.015 cc に相当する気体が毎秒装置内に発生，あるいは流入していることになる。

【例題 2.1】

排気速度 $S=200\ l\cdot s^{-1}$ のポンプで排気されている真空容器に，1分当り標準状態で 1 cc に相当するガスを導入した（これを「standard cc per minute, sccm」という単位で表す）。このとき，真空容器の圧力を求めよ。

解答　式 (2.5) より，$P=Q/S=(1\times10^{-3}\times10^5\div60)\div200=8.3\times10^{-3}$ Pa

2.1.2 真空装置

真空環境を作り出すためには，基本的には密閉容器と真空ポンプが必要であり，さらにそれらを接続したり，真空の度合い（圧力）を測定するセンサーなど，各種真空関連部品が用いられる。以下に，それぞれの真空基本部品について概略を紹介するが，より詳細な内容は，参考文献 2)～4) を参照されたい。

〔1〕**密閉容器**　前述のように，容器には大気圧（1 cm^2 当り約 1 kg 重の力）に耐え得る十分な強度を有する形状・素材を選択する必要があるが，多孔質で表面積が広い，ガスを透過しやすい，内部に揮発性の物質が含まれる，というような材料は使用すべきでない。特に表面積は重要で，極性のある分子（水，フッ素系分子など）や分子量の大きい分子（油，皮脂成分など）が吸着すると，真空排気中に徐々に表面から気相へ脱離するため，圧力がなかなか低くならない。真空を取り扱う者にとって，これらは最大の敵である。そのため，表面が多孔質でなく，加工がしやすく，安価な材料として，一般にはステンレスやガラスを用いることが多い。アルミニウムは表面の酸化物層が多孔質になりやすいので，真空容器として使用するためには，特殊な表面処理を必要とする。また，すでに製作された容器の形状は，容易には変更できないので，配管，真空計，覗き窓，電流・回転導入端子などを接続するためのフランジ（継手）は，設計段階で十分考慮すべきである。フランジ溶接の際，容器は局所的に高温となり，容器全体にひずみが生じることがあるため，真空容器の溶

接には,相当な熟練が必要である。

真空容器のフランジには,一般にICF規格品,ISO（KF・LF）規格品,JIS規格品（JIS B 2290）が用いられる[5]。ICFフランジは,銅,アルミ,金など軟らかい金属素材のガスケットを挟んで塑性変形させることによって密閉を実現し,その漏れの少なさから,超高真空装置に用いられる。KFフランジは,ゴム製O（オー）リングをはめ込んだセンターリングを挟んで,クランプ金具で締め付けることによって密閉接続する方式で,付け外しの簡便性から,おもに排気配管ラインに利用される。JISフランジは,フランジ面に切った溝にOリングをはめ込み,平滑平面と合わせてボルトで締め付けることによって密閉させる方式で,古い装置から最近の装置まで,さまざまな部分で利用されている。ICFフランジと比較すると,Oリングは金属製ガスケットと異なり,繰り返し使用できるので経済的である反面,漏れ量が多いため超高真空用には使用できず,また耐熱性が低いため高温プロセスでは使用できない。KFフランジと比較すると,大口径のものが利用できる一方,ボルト締めのため付け外しは容易でない,Oリング溝のある面とない面の区別がある,などの欠点もある。

〔2〕 **真空ポンプ** 多種多様な真空ポンプが利用可能であり,作動原理の違いにより,**表 2.3**のように分類されている。現在,最も一般的に用いられている真空ポンプは,低真空領域では油回転（ロータリー）ポンプ,高真空領域ではターボ分子ポンプである。

表 2.3 各種真空ポンプの例

方　式	真空ポンプの名称	到達真空度
容積移送式	油回転ポンプ ドライポンプ	$\sim 10^{-1}$ Pa ~ 1 Pa
運動量移送式	ターボ分子ポンプ 油拡散ポンプ	$\sim 10^{-6}$ Pa $\sim 10^{-5}$ Pa
気体溜込み式	イオンポンプ クライオポンプ	$\sim 10^{-8}$ Pa $\sim 10^{-7}$ Pa

油回転ポンプは,安価・堅牢(ろう)で,大気圧から動作可能なため,真空容器の粗引き用や,他の高真空用ポンプの補助ポンプとして,広く利用されている。内

部の回転板の潤滑および密閉の確保のために油が使用されており，この油の蒸気が真空容器側へ充満するため，清浄な真空環境を必要とする場合には，油回転ポンプは避け，ドライポンプを使用する。粗引きとして使用する場合にも，できるだけ短時間とするべきである。また，CVD 法のように原料を気体で導入する成膜プロセスにおいては，気体分子が油に溶け込み，気体分子の蒸気圧以下に排気することが原理的に不可能になる。そのような場合は，真空容器と油回転ポンプの間に，気体分子を吸着させるトラップを設ける。

　ターボ分子ポンプは，最近価格的に入手しやすくなり，従来よく用いられていた油拡散ポンプと置き換わってきた。作動に油を用いないので，清浄な真空環境が得られるという特徴がある。内部のタービンが高速回転しているため，異物の引込みには十分な注意を払う必要がある。また，吸気側と排気側の圧力差が大きすぎると，ローターに負担がかかるので，油回転ポンプなどを利用して，排気側をある程度以下の圧力に維持しなければならない。

〔3〕**真　空　計**　大気圧より低い圧力を測定可能な圧力計を「真空計」と称し，密閉容器内の真空の度合いを測定するために，**表 2.4** のように，さまざまな真空計が利用されている。大気圧から超高真空まで，何桁にもわたる圧力領域を，単一の原理ですべてカバーできる真空計は存在しないため，通常は，複数の真空計が取り付けられ，用途に応じて使い分けられる。低真空領域ではピラニ真空計，高真空領域では電離真空計が最も一般的に用いられる。

表 2.4　各種真空計の例

方　式	真空計の名称	測定領域
機械的現象	マクラウド真空計 隔膜真空計	ATM $\sim 10^{-3}$ Pa ATM $\sim 10^{-3}$ Pa
気体の輸送現象	熱電対真空計 ピラニ真空計	$10^3 \sim 10^{-1}$ Pa $10^3 \sim 10^{-1}$ Pa
気体の電離現象	電離真空計 ペニング真空計	$10^{-1} \sim 10^{-8}$ Pa $10 \sim 10^{-3}$ Pa

　ピラニ真空計は，加熱した白金線の温度が，周囲の気体圧力に依存することを利用した真空計で，測定結果が電気信号として直接得られ，大気に曝露して

も壊れないという特徴がある。熱伝導率は気体の種類によって大きく異なるため、表示される圧力にはガス種依存性が高い。

電離真空計は、高温のフィラメントから放出された熱電子と、周囲の気体分子が衝突する際に発生するイオンの数が、圧力に依存することを利用した真空計で、10^{-8} Pa オーダーの非常に低い圧力まで測定可能である。電子衝撃によるイオン化確率は、気体分子によって異なるので、ピラニ真空計と同様、表示される圧力にはガス種依存性がある。

2.1.3 平均自由行程と表面入射流束

真空環境におけるガス種の振舞いは、「気体分子運動論」によって記述される。ここでは、ドライプロセスにおいて非常に重要な因子である、「平均自由行程」と「表面入射流束」について概説する。演習も交えて理解を深めよう。なお、参考文献 2)～4), 6) に気体分子運動論に関する基礎的な記述があり、また固体物性へも発展する統計力学に関する良書として、参考文献 7) を挙げる。

室温で圧力 P の気体 $1\,\mathrm{m}^3$ 中に存在する分子数 n 〔個/m^3〕は、気体の状態方程式から、k をボルツマン定数として

$$n = \frac{P}{kT} \tag{2.7}$$

で与えられる。蒸発原子が、残留ガス分子に衝突せず直進する平均距離（平均自由行程）λ は、蒸発原子、残留ガス分子の速度分布が、どちらも温度 T のボルツマン分布に従うと仮定し、それぞれの半径を $r,\ r'$ とすると

$$\lambda = \frac{1}{\sqrt{2}\,n\pi(r+r')^2} \tag{2.8}$$

で与えられる。式 (2.7) を式 (2.8) に代入すれば、室温で圧力 P のときの平均自由行程が求められる。

$$\lambda = \frac{k}{\sqrt{2}\,\pi(r+r')^2} \cdot \frac{T}{P} \tag{2.9}$$

r, r'として，Au原子，O_2分子それぞれの半径 0.166 nm, 0.173 nm を代入すると

$$\lambda = \frac{8.05 \times 10^{-3}}{P} \quad [m] \tag{2.9}'$$

となる．この式より，平均自由行程 λ は圧力 P に反比例し，室温で 1×10^{-2} Pa の真空環境下で，およそ 80 cm となる．通常，蒸発源と基板との距離は 10 cm オーダーであることを考えると，蒸発原子が無衝突で基板に到着するのに必要な圧力は，10^{-2} Pa 台以下ということになる．

圧力 P の残留ガス分子が，気相から基板表面に，単位時間・単位面積当り入射する数 J は

$$J = \frac{P}{\sqrt{2\pi mkT}} \tag{2.10}$$

で与えられる．ここで，m はガス分子の質量である．室温の O_2 を考えれば

$$J = 2.7 \times 10^{22} P \tag{2.10}'$$

となる．

【例題 2.2】

大気圧，1 Pa，1×10^{-4} Pa それぞれの圧力における室温の N_2 ガス中の N_2 分子の平均自由行程を求めよ．なお，N_2 分子の半径は約 0.2 nm とする．

解答 式 (2.9) を用いて，それぞれ 5.8×10^{-8} m, 5.8×10^{-3} m, 58 m

【例題 2.3】

O_2 分子の分圧が 10^{-8} Pa の室温環境中で，固体表面へ入射する O_2 分子の流束（単位時間・単位面積当りの数）はいくらか．また，清浄な Si(100) 表面において，入射した O_2 分子のうち 10% が吸着すると仮定したとき，Si(100) の清浄表面は，どのくらいの時間で完全に吸着 O_2 分子で覆われるか．なお，Si は格子定数 0.54 nm のダイヤモンド型結晶構造であるとし，Si 原子 1 個につき 1 個の O 原子が吸着すると仮定せよ．

解答 式 (2.10) より，$J = 3.8 \times 10^{14}\,\mathrm{m^{-2} \cdot s^{-1}}$。Si(100) 面の Si 原子密度 nSi は，nSi = 2 個 ÷ $(0.54\,\mathrm{nm})^2 = 6.9 \times 10^{18}\,\mathrm{m^{-2}}$ であるから，$6.9 \times 10^{18} \div (2 \times 3.8 \times 10^{14}) = 9.1 \times 10^3\,\mathrm{s}$。すなわち約 2 時間半ほど。

2.2 プラズマ

2.2.1 プラズマとは

プラズマとは，正の電荷を持つ粒子と負の電荷を持つ粒子とが，ほぼ同じ密度で存在し，全体として電気的中性を保って分布している粒子集団のことと定義される。図 2.2 にプラズマの概念図を示す。この定義に従えば，自然界の雷，燃焼炎，オーロラ，太陽などは皆プラズマ状態であり，さらにいえば，宇宙全体の 99％以上がプラズマ状態である。固体金属の中も，周期的に配列した金属イオン（正電荷）と自由電子（負電荷）が同電荷ずつ存在し，電気的中性を保っているのでプラズマ状態である。

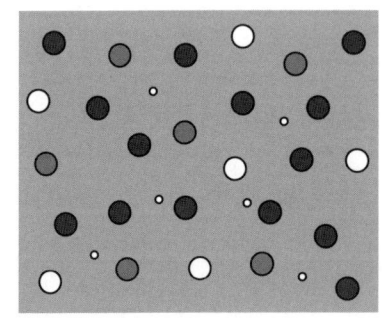

●中性種，●励起種，○イオン種，。電子
図 2.2 プラズマの概念図

工業的に狭義に使用されるプラズマとは，「電離気体」や「放電」のことである。固体物質にエネルギーを投入して高温にすると液体を経て気体になる。さらにエネルギーを投入すると，一部の気体分子が電子を放出（電離）してイオン化する。これが電離気体であり，プラズマの定義を満たす。固体，液体，気体に続く，物質の第四の状態ともいわれる。また，放電とは，電位差のある電極間で絶縁破壊が生じ，電流が流れる状態である。このとき，電極間の気相を構成するガス種の一部は電離しており，電離気体，すなわちプラズマ状態となっている。身近には，蛍光灯やネオン管の内部，スイッチ開閉時の火花，点火プラグのスパークなどの放電現象が，工業的に利用されている。

プラズマは正電荷粒子，負電荷粒子，中性粒子から構成されており，運動エネルギー分布から，統計的にそれぞれの温度が定義される。それぞれの温度が等しいプラズマを平衡プラズマといい，異なるとき非平衡プラズマと称する。低圧力下のプラズマは，各粒子集団間の衝突頻度が低いため，非平衡になりやすく，逆に高圧力下では平衡プラズマになりやすい。図2.3に，温度と圧力の関係の概念図を示す。一般に，プラズマ中の正電荷粒子と負電荷粒子の構成要素は，それぞれ電離によって生じた正イオンと電子である。電子の質量は，イオンよりはるかに小さいため，電場によって容易に加速され，高温になりやすい。電子温度のみが高温で，イオンおよび中性ガス種の温度が低いプラズマを低温（非平衡）プラズマという。それに対し，すべての粒子集団の温度が高い場合，熱（平衡）プラズマと称する。

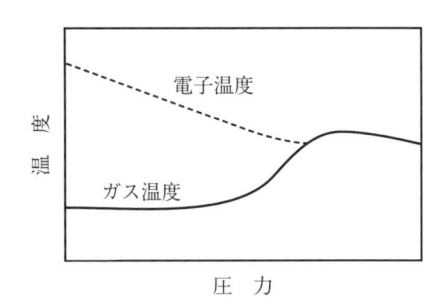

図2.3　プラズマにおける温度と圧力の関係（低圧力では，電子温度とガス温度が乖離し，非平衡となる）

2.2.2　プラズマ生成法

ドライプロセスでよく用いられるプラズマは，直流グロー，高周波グロー，マイクロ波グロー，アークである。このうち，前三者は低温プラズマであり，最後のアークは高温プラズマに分類される。ここでは，直流グローおよび高周波グローについて，プラズマ生成の原理と特徴を簡単に述べる。プラズマ装置に関連する参考書として，特にデバイス関連の入門者への良書として，参考文献8)を挙げる。また，実際に現場でのさまざまな事例を記した参考文献9)は，読み物としても非常に面白い。

〔1〕**直流グロー**　　1～1 000 Pa程度の低圧下で，電極間に直流電圧を印加すると，電極間の空間の局所的電離によって発生した電子（偶発電子）が陽極へ向かって加速され，その間にガス種と衝突して電離を起こす（α作用）。

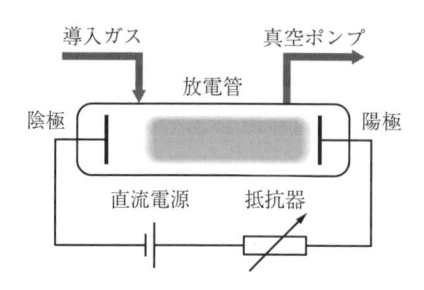

図 2.4 直流グロープラズマの概念図

電離によって生じた電子もまた電界で加速され，雪崩式に電子とイオンが増殖し，直流グロープラズマが生成する。図 2.4 に直流グロープラズマの概念図を示す。

プラズマ中の電子は，容器壁や電極で消滅するが，陰極への正イオンの衝突によって発生する 2 次電子（γ 作用）によって，プラズマが維持される。定常状態では，陰極近傍に大きな電場（陰極降下）が生じ，その他の空間における電場はごく小さい。拡散によって容器壁で失われる電子・正イオンが，γ 作用，α 作用によって生成する電子・正イオンと釣り合いながら，全体として陽極から陰極に電流が流れている状態であるといえる。直流グロープラズマは，比較的装置の構成が単純で，初期コストが低く抑えられる，理論との対応がつけやすく，制御が容易などのメリットがある半面，プラズマ密度が低い，アーク放電に移行しやすい，プラズマ維持可能な圧力が高い，絶縁性の電極は使えない，すなわち絶縁性物質の堆積が起こる場合は使えないなどのデメリットもある。

〔2〕 **高周波グロー（容量結合型）** 0.1～1 000 Pa 程度の低圧下で，図 2.5 に示すように，電極の一つに高周波電場を印加すると，直流グローと同様に，空間内の偶発電子が電場によって加速され，プラズマが生成する。

このとき，電極の正負が入れ替わるため，電子は電極間で振られ，空間内に捕捉されるようになる。一方，イオンは高速の電場変化に追随できず，やはり空間内に捕捉される。したがって，直流グローと異なり，おもに α 作用によってプラズマが維持される。

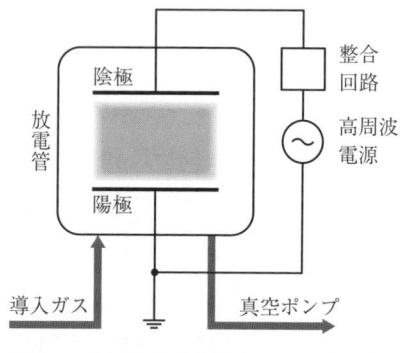

図 2.5 容量結合型高周波グロープラズマの概念図

構成がコンデンサと同様であることから，容量結合型プラズマ（capacitively-coupled plasma, CCP）または平行平板型プラズマともいう．電子が空間内に捕捉されるためには，電極間を電子が走っている間に，電極の極性が変わらなくてはならない．そのため，MHzオーダー以上の周波数で高周波グローが実現される．それ以下の周波数では，極性が周期的に交代する直流グロー状態にすぎない．一般には，13.56 MHzが使用される．容量結合型高周波グローで重要なのは，高周波電源を接続した陰極である．極性が周期的に変化する高周波なのに，陰極と称する理由は，高周波電極に負の直流バイアスが自然に発生するからである．これを自己バイアス（セルフバイアス）と称する．自己バイアスの大きさは，両電極面積の比に関係する．通常の容量結合型装置では陽極側は接地されており，陰極と，容器壁を含む接地された面積全部との間の放電であり，面積比は非常に大きくなり，自己バイアスも大きく負側へ落ちる．成膜の際，基板を陰極上へ設置すれば，基板にも同じバイアスがかかり，正イオンによる衝撃効果が期待できる．一方で，自己バイアスが－100 Vのオーダーになると，陰極を構成する物質がスパッタリングされ，プラズマ中に不純物として混入することになる．

〔3〕 **高周波グロー（誘導結合型）** 高周波電場を印加するためには，必ずしも容器内に電極を設置する必要はなく，図2.6（a）に示すように，誘電体容器の外にアンテナを設置し，その内側に高周波電場を作り，プラズマを生

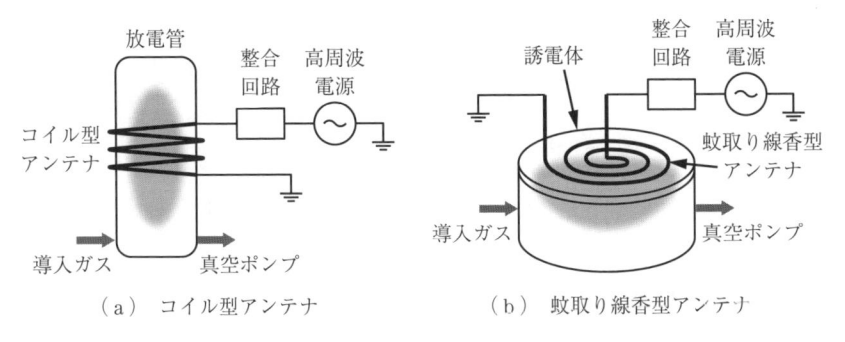

（a）コイル型アンテナ　　　　　（b）蚊取り線香型アンテナ

図2.6 誘導結合型高周波グロープラズマの概念図

成することも可能である。誘電体壁を介した誘導電流を利用することから、誘導結合型プラズマ（inductively-coupled plasma, ICP）と称される。

誘電体としては、一般に石英やガラスが用いられる。アンテナはプラズマにさらされないため、直流グローやCCPで問題となる電極元素の混入は起こらない。ただし、誘導結合型放電には容量結合成分も存在し、誘電体の内壁に自己バイアスがかかる。そのため、条件によっては、誘電体を構成する元素が不純物としてプラズマ内に混入することがある。ICP方式は、0.1 Pa程度の低圧から大気圧レベルの高圧まで、広い圧力範囲で動作可能であり、アンテナの工夫によって、300 mmφ程度なら容易に均一なプラズマを生成することができる（図(b)）。なお、高周波電源の出力インピーダンスは通常50Ωで統一されているため、高周波電力を適切にプラズマへ投入するためには、必ずインピーダンス整合（マッチング）を必要とし、電極のサイズ・材質、導入ガスの組成・圧力、投入パワーなど、さまざまなプラズマ生成条件に従って、整合回路を調整しなければならない。これはCCPでもICPでも同様である。インピーダンス整合には、図2.7に示すようなさまざまな回路がある。プラズマ装置メーカー付属の整合回路を利用する限り、通常は、二つの可変コンデンサ容量を微調整するだけでよいが、自作装置の場合は、整合条件を見つけるのはなかなか難しい。

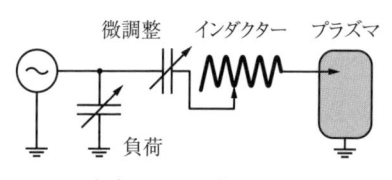

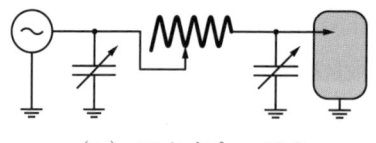

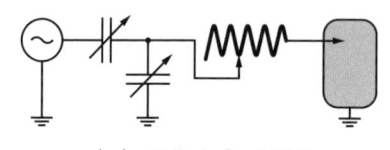

（a）Lタイプ, <50Ω

（b）PIタイプ, ~50Ω

（c）Tタイプ, ≪50Ω

図2.7　インピーダンス整合回路の例

2.2.3　プラズマ物理の基礎

ドライプロセスで用いられる低温プラズマは、多くの場合、気相中のガス種の一部が電離し、大多数の中性粒子（基底状態、励起状態）、少数の正イオン、

それとほぼ同数の電子から構成される弱電離プラズマである。ごく少数であるが，電子付着によって負イオンも存在する。これらは互いに衝突し，電離，解離，解離イオン化，再結合，電荷移動など，さまざまな素過程を繰り返しながら定常状態となる。Arのような不活性単原子のみのプラズマであれば，構成要素は中性Ar（基底状態），中性Ar*（励起状態），Ar$^+$，e$^-$，ごく少数のAr$^-$だけであり，物理的な記述は比較的容易である。一方，N_2，O_2，CH_4，SiH_4など分子を含むプラズマの場合は，分子が解離・再結合を繰り返し，非常に多様な種類のガス種が生成するため，プラズマ中の原子分子素過程の理解は容易でない。

スパッタリング法やイオンプレーティング法など，PVD法の多くでは，電磁気的な手法によって，プラズマ中の正イオンを積極的に制御し，薄膜作製を行う。一方，プラズマCVD法では，導入した原料ガス分子からプラズマ中で生成する多様なガス種のうち，化学的に活性なものを堆積させる。いずれにしても，イオンや電子を制御することによって，系全体の平均温度は低いままで，薄膜堆積を行うことができる点が，低温プラズマを用いたドライプロセスの重要な特長である。

プラズマを特徴付けるパラメータとして，「密度」，「温度」がある。密度と温度は，プラズマ構成要素である中性粒子，イオン，電子それぞれに対して定義される。プラズマ中の原子分子素過程のほとんどは，導入ガス種と電子との衝突がスタートとなるため，電子密度と電子温度は特に重要であり，多くのドライプロセスにおいて，使用するプラズマの特徴を代表するパラメータとして認識される。なお，温度については，それぞれの粒子集団の運動エネルギー分布を，マクスウェル分布などの統計モデルに近似することによって初めて定義できる（図2.8）。

実際のプラズマ中の粒子，特に荷電粒子の運動エネルギー分布は，通常，これらの統計分布とは異なるので，厳密にいえば温度を定義することはできない。あくまで近似としてのパラメータである。荷電粒子の温度と密度は，後述するプローブ法などのプラズマ診断法によって計測できる。プラズマCVD法

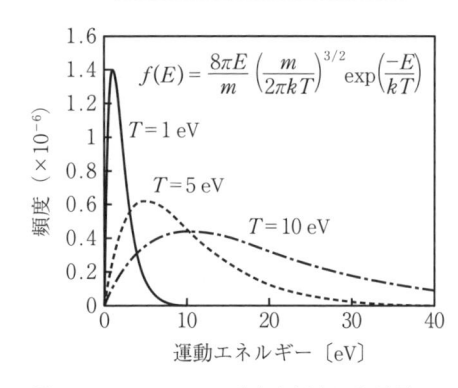

図2.8 マクスウェル分布を仮定した電子の運動エネルギー分布

$$f(E) = \frac{8\pi E}{m}\left(\frac{m}{2\pi kT}\right)^{3/2}\exp\left(\frac{-E}{kT}\right)$$

など,化学反応を主体とするドライプロセスでは,反応活性種の密度はきわめて重要なパラメータである。しかし,SiH_4プラズマなどのごく少数の例を除き,活性種の密度を計測する手法は確立していない。

「電位」は,荷電粒子であるイオンと電子の動きを支配する要因の一つであるため,密度・温度と同様に,プラズマを特徴付けるパラメータの一つである。電位は,系内空間の位置によって異なる値であり,荷電粒子の運動に大きく関係する。接地電位を基準として,プラズマ電位,浮遊(floating)電位,電極電位,基板電位などがプロセスにおいて重要なパラメータである。プラズマ中に存在する荷電粒子は,電場勾配に従って自由に動けるため,プラズマ内部の電位は一定で,これを「プラズマ電位」と称する。前節でも述べたように,低温プラズマ中の正荷電粒子は正イオン,負荷電粒子はおもに電子であり,電子のほうが圧倒的に質量が小さいため,電子の拡散のほうが速く,容器壁などへの入射によってプラズマ中から消失しやすい。したがって,プラズマ電位は一般に正の値となる。逆に,電気的に絶縁された固体をプラズマ中に設置すると,電子入射によって負電位となる。これを「浮遊電位」と称する。プラズマ電位と浮遊電位は,各荷電粒子集団の密度と温度によって決まる。それに対して,電極や基板の電位は,ほかの電源との接続によって制御可能である。

プラズマを利用するドライプロセスでは,多くの場合,処理対象である材料表面がプラズマにさらされる。そこで,プラズマ中に固体が挿入された場合の,固体表面近傍の状況を理解することは,プロセスを制御する上で非常に大切である。ここでは,最も簡単な例として,電子密度n_eと正イオン密度n_iが等しく,電子と正イオンがそれぞれ温度T_e,T_iのマクスウェル分布に従うと

仮定したプラズマ中に，電気的に絶縁された固体を挿入することを考える．

温度 T のマクスウェル分布に従う，質量 m の粒子の平均速度 $\bar{v}$ は

$$\bar{v} = \sqrt{\frac{8kT}{\pi m}} \tag{2.11}$$

で与えられる．ここで，k はボルツマン定数である．また，ある平面に単位面積・単位時間当り入射する粒子数 ϕ は，粒子の空間密度を n として

$$\phi = \frac{1}{4} n \bar{v} \tag{2.12}$$

と表される．したがって，電子と正イオンの入射数比は，プラズマ空間と平面の電位が等しければ

$$\frac{\phi_e}{\phi_i} = \frac{\bar{v}_e}{\bar{v}_i} = \sqrt{\frac{T_e}{T_i} \frac{m_i}{m_e}} \tag{2.13}$$

となる．通常の低温プラズマでは $T_e \gg T_i$ であり，電子と正イオンの質量は，$m_e \ll m_i$ であるから，式 (2.13) の入射数比は非常に大きな値となり，絶縁された固体表面は，すぐに負に帯電することがわかる．その結果，固体表面近傍には強い負の電場勾配が生じ，電子は反発力を受けるため，固体表面近傍の空間に入り込みにくくなる．一方，正イオンは固体表面近傍に引き付けられるため，局所的に電子密度より正イオン密度が高い，正の空間電荷層が形成される．これを「イオンシース」と称する．この空間電荷層によって，固体表面に帯電した負の電荷による電場勾配は，表面から離れるに従って急速に遮蔽される．プラズマからの電子と正イオンの入射数が等しくなったとき，すなわち正味の電流がゼロとなったときが定常状態である．そのときの固体表面の電位（浮遊電位）を V_f，プラズマ電位を V_p とすると，両者の差は次式となる．

$$V_p - V_f = \frac{kT_e}{2e} \ln\left(\frac{m_i}{2\pi m_e}\right) \tag{2.14}$$

ここで，e は電気素量である．プラズマから固体表面近傍に拡散してきた正イオンは，式 (2.14) の電位差によって加速され，固体表面に入射するが，その電位差は，電子温度 T_e に比例することがわかる．

もう一つ，プラズマを特徴付けるパラメータの一つである「デバイ長さ」を定義しよう。プラズマ中には多数の荷電粒子が存在するので，プラズマ中に電場を形成しようとすると，それを遮蔽するように荷電粒子が動く。形成した電場の影響が $1/e$（e は自然対数の底）になる距離をデバイ長さといい，電子密度 n_e，電子温度 T_e のプラズマ中のデバイ長さ λ_D は

$$\lambda_D = \sqrt{\frac{\varepsilon_0 k T_e}{n_e e^2}} \tag{2.15}$$

と定義される。ここで，ε_0 は真空の誘電率，k はボルツマン定数，e は電気素量である。デバイ長さは電子温度と電子密度で決まるパラメータである。

【例題 2.4】

電子温度 1 eV の Ar プラズマにおける浮遊電位とプラズマ電位の差（$V_p - V_f$）を求めよ。ただし，Ar の原子量は 39.95 とする。

解答 式 (2.14) より，$V_p - V_f = 4.7$ V

【例題 2.5】

電子温度 1 eV，電子密度 10^{10} cm^{-3} 程度のプラズマにおけるデバイ長さを求めよ。

解答 式 (2.15) より，$\lambda_D = 74$ μm

2.2.4 プラズマ反応素過程

プラズマ中には，前節までに取り扱ってきた電子やイオンだけでなく，励起種，ラジカルなど，多様なガス種が存在する。成膜やエッチングなど，プラズマを利用した材料プロセスでは，荷電粒子だけでなく中性ガス種も含めて，どんなガス種がどれだけ表面へ入射するかが重要である。本節では，プラズマ中に導入されたガス種から，気相中でどのような素過程を経て，どのようなガス種が生成するのかについて定性的に概説する。なお，プラズマ素過程を厳密に定量的に考察するためには，イオン化断面積などさまざまなパラメータがどう

しても必要になってくる。そのための参考書として，参考文献10)～12)を挙げる。原子関連であれば，米国標準技術局（NIST）にある膨大なデータへ，Webから無料でアクセスできる[13]。

〔1〕 **イオン化過程**　ガス種に第1イオン化エネルギー以上のエネルギーが与えられると，ガス種から電子が放出され，正イオンが形成される。「プラズマ生成法」の項で述べた「α作用」，すなわち，高エネルギー電子との非弾性衝突に起因する電子放出（式(2.16)）が，プロセスプラズマ中で最も重要なイオン化過程である。さまざまなガス種における，イオン化確率の電子エネルギー依存性を図2.9に示す。

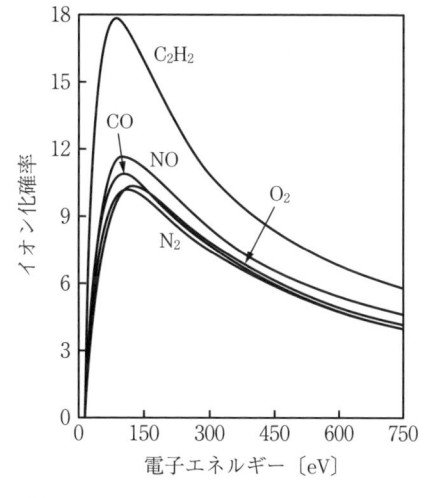

図2.9　N_2，O_2，CO，NO，C_2H_2におけるイオン化確率の電子エネルギー依存性

なお，以下の反応式では，電子e^-の持つ運動エネルギーが，反応前後で変化する場合に，（ ）で概略的に表す。E_1，E_2，ΔEなどは，それぞれ特定の値を持つわけではなく，あくまで概念的な表記である。

単純イオン化：$M + e^-(E_1) \rightarrow M^+ + e^-(E_1 - \Delta E) + e^-(E_2)$　　　(2.16)

一方，衝突する電子が低エネルギーの場合，電子付着による負イオン形成が起こることがある。

電子付着：$M + e^- \rightarrow M^-$　　　(2.17)

また，Mが2原子以上の分子の場合，解離とともにイオン化が起こることがある（解離性イオン化）。これには，解離した一方のみがイオン化される場合と，正負両方のイオンが形成される場合の2種類がある。

解離性イオン化：$AB + e^-(E_1) \rightarrow A^+ + B + e^-(E_1 - \Delta E) + e^-(E_2)$　(2.18)

イオン対形成：$AB + e^-(E_1) \rightarrow A^+ + B^- + e^-(E_1 - \Delta E)$　　　(2.19)

イオン種が消滅する素過程として，つぎのような過程がある。

イオン・電子再結合：$M^+ + e^-(E_1) + e^-(E_2) \rightarrow M + e^-(E_2 + \Delta E)$ (2.20)

イオン・イオン再結合：$A^+ + B^- + e^-(E_1) \rightarrow AB + e^-(E_1 + \Delta E)$ (2.21)

ここで，どちらも再結合対以外にもう一つ電子が関与していることに注意するべきである。これは，再結合時に発生する余分のエネルギー ΔE を担う第三体が必要であるためである。電子以外に，他のガス種や壁，電極表面なども第三体となる。ガス種によっては，次項に述べる励起種状態を経て，余分のエネルギーを光の形で放出して安定化する。

〔2〕**励起過程** 原子，分子に属する電子は，それぞれ原子軌道，分子軌道に入っている。軌道のエネルギー準位は離散的で，通常は最も低いエネルギー状態（基底状態）となっているが，電子衝突などによってエネルギーを与えられると，高いエネルギー準位の空軌道へ電子状態が遷移する。これを励起といい，励起状態のガス種は，プラズマプロセスにおいて重要な役割を果たす。例として，He 原子のポテンシャル状態を**図 2.10** に示す。

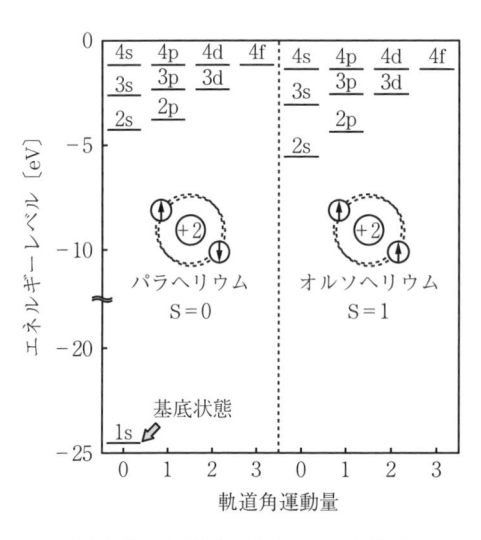

図 2.10 He 原子のポテンシャル状態

He 原子の基底状態は，1s 軌道に2個の電子が入った状態であるが，外部からエネルギーを与えられることによって，2s, 2p, 3s など，高い準位の軌道へ励起される。励起準位エネルギーが第1イオン化エネルギーよりも高い状態を超励起という。励起を起こすエネルギーの起源として，高エネルギー電子との非弾性衝突，解離時・再結合時の励起，ほかの励起ガス種からのエネルギー移動，光吸収などがある。

電子衝突励起：$M + e^-(E_1) \rightarrow M^* + e^-(E_1 - \Delta E)$ (2.22)

励起移動：$S^* + M \rightarrow S + M^*$ (2.23)

光吸収励起：$M + h\nu \rightarrow M^*$ (2.24)

励起の逆反応である脱励起過程としては，発光による脱励起，高い励起状態のガス種との衝突によって発生するペニングイオン化，第1イオン化エネルギー以上の内部エネルギーを有する超励起状態のガス種が，自動的にイオン化する過程がある．

発光：$M^* \rightarrow M + h\nu$ (2.25)

ペニングイオン化：$S^* + M \rightarrow S + M^+ + e^-$ (2.26)

自動イオン化：$M'' \rightarrow M^+ + e^-$ (2.27)

〔3〕**解離過程** プラズマ中では，おもに電子衝撃によって，結合を解離させるのに十分な大きさのエネルギーを得た分子が解離反応を起こす．光吸収によって解離する場合もある．**図2.11**にH_2分子のポテンシャル状態を示す．

H_2分子として基底状態にある分子が，点線に沿って反結合ポテンシャル上へ励起されたあと，ポテンシャル曲線に沿って原子間距離が離れていき，二つのH原子として解離過程が終了する．解離過程は，分子軌道内の電子が励起され，反結合軌道に入ることによって起こる．すなわち，解離したあとの断片ガス種（フラグメント）は，不対電子を有するためラジカル種となる．ここでラジカルとは，不対電子を有する原子，分子，またはイオンのことを表す用語であり，電気的に中性のラジカル種を中性ラジカル，イオン種をラジカルイオンと称するが，プラズマプロセス分野では，中性のものを単にラジカルと称し，イオン種と区別することがある．

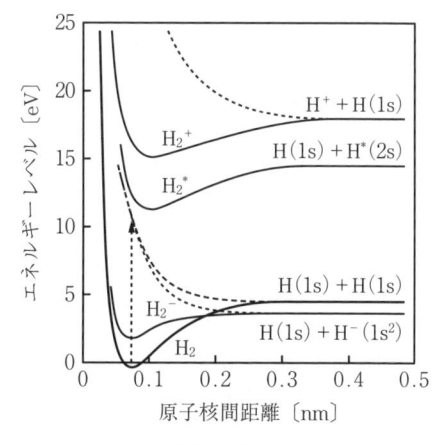

図2.11 H_2分子のポテンシャル状態

電子衝撃解離：$AB + e^-(E_1) \rightarrow A\cdot{}^* + B\cdot + e^-(E_1 - \Delta E)$ (2.28)

2. 真空およびプラズマ

$$光吸収解離：AB + h\nu \rightarrow A\cdot^* + B\cdot \qquad (2.29)$$

解離により生成したラジカル種は化学的に非常に活性で，導入したガス種の化学反応をおもに利用した薄膜堆積やエッチング過程では，解離によって生成したラジカル種がプロセスの主役を担う．

解離の逆反応は再結合である．ラジカルどうしの衝突によって，不対電子部分に化学結合が形成され，新たな中性ガス種が生成する．この場合も，イオン再結合の場合と同様，結合解離エネルギー分の余剰エネルギーが，生成したガス種を励起状態にさせて再び解離することになるが，第三体が関与して，あるいは光放出によって励起エネルギー分を失って安定化する．

$$ラジカル再結合：A\cdot + B\cdot + e^-(E_1) \rightarrow AB + e^-(E_1 + \Delta E) \qquad (2.30)$$

プラズマ中では，解離によるラジカル生成，再結合や固体表面反応によるラジカル消滅が同時並行で進行しており，ある1種類のラジカル種の空間密度は，時間平均すれば一定となっている．個々のラジカル種が生成してから消滅するまでの時間の平均を，そのラジカル種の「寿命」と称し，活性度の高いラジカル種ほど寿命が短くなる．ただし，ラジカル種は他のガス種や表面との反応性が高いがゆえに消滅し，平均的な「寿命」が定義できるのであって，個々のラジカル種単独では安定に存在し続け，自発的に別の安定なガス種へ変化して消滅することはない．

プラズマ内で解離・再結合が繰り返されるにつれて，系に導入された元のガス種とはまったく異なる多様なガス種が生成し，プラズマプロセスにおける多様性の根源となる．例えば，プラズマ CVD 法において，導入した各原料分子が解離したり再結合する場所はつねに一定ではないため，多様な結合状態を含む固体が形成される．もちろん，解離・再結合の起こる結合位置は完全なランダムではなく，分子軌道的に弱い結合が切れやすい傾向はある．それでも，高分子材料における「ポリマー」（「モノマー」と呼ばれる小分子が繰り返し同じ位置で重合して生成する，規則構造を持った巨大分子）とは，本質的に異なる．したがって，プラズマプロセスの分野で比較的よく用いられる「プラズマ重合」という用語は，本来正しい使い方ではないことに注意されたい．

2.3 プラズマ診断

我々はプラズマを扱うとき，導入するガスの組成と流量，全圧，投入電力，基板温度など，さまざまなパラメータを制御する．しかし，プラズマ中で実際に起こっている過程では，前節までに紹介してきた，電子密度，電子エネルギー分布（電子温度），イオン種・励起種・ラジカル種の空間密度などのパラメータが重要である．前者を外部パラメータ，後者を内部パラメータという．真にプラズマプロセスを制御するためには，内部パラメータを正確に把握しなければならない．内部パラメータを計測することを「プラズマ診断」という．本節では，代表的なプラズマ診断法であるプローブ法，発光分光法，質量分析法について概略を説明する．他の診断法も含め，より詳細な参考書として，参考文献14)～16) を挙げる．特に発光スペクトルの参照データとして，原子関連であれば先に挙げたNISTのWebページ[13]，分子関連では，すでに絶版となって入手が困難であるが，参考文献17) を示しておく．

2.3.1 プローブ法

〔1〕**原　　理**　プラズマ内に微小な導電性の探針を挿入し，探針の電位をスイープすると，探針電流が変化する．この電流–電圧曲線に基づき，浮遊電位，プラズマ電位，電子温度，電子密度などの基本的な内部パラメータを測定することができる．探針が1本の場合をシングルプローブ法，2本の場合をダブルプローブ法という．また，シングルプローブ法は，開発者の名前にちなんで，ラングミュアプローブ法ともいう．

図2.12に，プローブの電流–電圧曲線の模式図を示す．実際に測定されるプローブ電流 I_p は，電子電流 I_e とイオン電流 I_i の和である．I_p の振舞いから，I～IIIの領域に分けられる．以下，電子エネルギー分布が，温度 T_e のマクスウェル分布に従うと仮定したプラズマを考えよう．

領域Iでは，深い負電位のため電子がほとんど入射せず，$I_p \simeq I_i$ である．こ

のとき，I_i は飽和状態にあり，電位によらずほぼ一定の値 I_{iS} となる．

$$I_{iS} = Sn_i Ze\sqrt{\frac{2kT_e}{m_i}} \tag{2.31}$$

ここで，S はプローブ表面積，n_i はイオン密度，Z はイオン価数，e は電気素量，k はボルツマン定数，T_e は電子温度，m_i はイオン質量である．

領域IIでは，電子がプローブ表面に入射するようになり，プローブ電位が高くなるにつれて，指数関数的に電子電流が大きくなる．

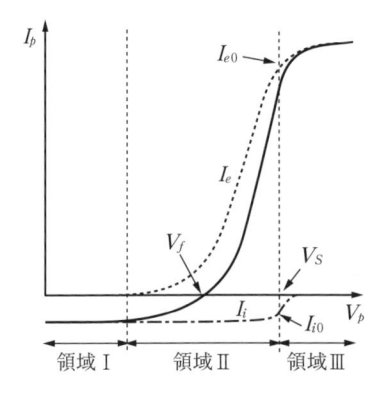

図2.12 シングルプローブ法によって測定される電流-電圧曲線の模式図

$$I_e = \frac{1}{4}Sn_e e\sqrt{\frac{8kT_e}{\pi m_e}} \cdot \exp\left(-\frac{eV}{kT_e}\right) \tag{2.32}$$

ここで，n_e は電子密度，m_e は電子質量である．したがって，電子電流の対数を V で微分すると，電子温度の値が得られる．

領域IIIでは，電子電流が飽和し，そのときのプローブ電流 I_{eS} は，式 (2.32) の指数関数以前の係数部分と同じ式となる．ここから n_e の値が求められる．

$$I_{eS} = \frac{1}{4}Sn_e e\sqrt{\frac{8kT_e}{\pi m_e}} \tag{2.33}$$

〔2〕**装　置**　プラズマに挿入する探針としては，スパッタリング率（スパッタリング収率ともいう）が低く，プラズマを汚染しないこと，またイオン衝撃によって高温になっても溶融しないことから，タングステンがよく用いられる．酸素を多く含むプラズマなど，耐食性が要求される場合にはプラチナが用いられる．プローブ形状は，円筒状が最もよく用いられ，円盤状や球状のものを用いることもある．円筒状プローブでは，一般に 0.1〜1 mm 程度の径のものを利用し，先端の数 mm〜1 cm 程度を残して，アルミナなどの絶縁体で被覆する．プローブ表面が堆積物などで汚染されると，正しい測定ができ

なくなるので，プローブ先端を加熱して表面の清浄性を保持する。

プローブの電流－電圧特性の測定には，**図2.13**に示すような電気回路を組む。高周波プラズマの場合など，必要があればローパスフィルタを組み入れる。プローブ電位をスイープするための電源としては，プラズマ密度とプローブ表面積にもよるが，一般的には±100 V，100 mA 程度の容量があれば十分である。

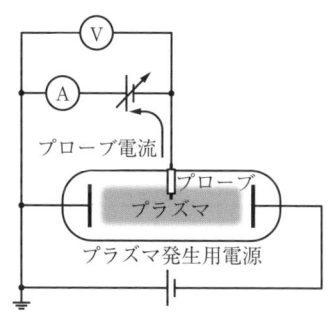

図 2.13 シングルプローブ法の電気回路図

〔3〕**特　　徴**　1本のプローブで，電子温度，電子密度，プラズマ電位，浮遊電位と，さまざまな内部パラメータを測定することができるため，プラズマプロセスにおいて非常に重要なツールである。プローブの位置をスキャンすれば，各内部パラメータの空間分布を明らかにすることも可能である。しかし，堆積系のプロセス，特に絶縁性の薄膜堆積プロセスでは，プローブ表面に絶縁膜が形成されるため，原理的に適用が不可能である。また，微小とはいえプラズマ中にプローブを挿入することは，プラズマやガスの流れを乱すため，プロセスに悪影響を与えることがある。

2.3.2　発 光 分 光 法

〔1〕**原　　理**　プラズマ中で励起状態にあるガス種が，それより下のエネルギー準位に遷移する際，光の形でエネルギーを放出する。この発光を測定することにより，どのようなガス種が存在するか，またプラズマの状態はどのようであるのかを解析する。測定したスペクトルの，発光波長からガス種の同定が，また，発光強度からガス種の空間密度に関する情報が得られる。

〔2〕**装　　置**　発光スペクトルの測定には，プロセス装置に光が透過可能な窓を設置し，そこから導光路によって分光器へプラズマ発光を導き，分光された光の強度を測定する。**図 2.14** に発光分光法（optical emission spectroscopy, OES) による測定システムの概要図を示す。

多くの発光種は，近紫外～近赤外の波長範囲で発光するので，装置に設置する窓材として，この波長領域でほぼ透明な石英ガラスを用いることが多い。導光路としては，同じく石英製の光ファイバーが利用される。分光器には，回折格子を光分散素子とし，波長分解能 0.1 nm 以下のものが通常用いられる。分子の回転振動に起因するスペクトルの微細構造測定を行うのであれば，波長分解能は 0.01 nm 以下が望ましい。受光素子としては，長く光電子増倍管が用いられてきた。分光器の出射口にスリットを取り付け，これを通過する光の波長をゆっくりスキャンしながら，1本のスペクトルを測定していた。しかし近年，デジタルカメラに用いられているような電荷結合素子（charge coupled device，CCD）アレー検出器が開発され，光分散素子によって空間的に広がった光の強度を一度に測定できるようになった。そのため，分光器側で波長スキャンする必要がなくなり，1本のスペクトルの測定に要する時間が飛躍的に短くなっている。最近では，分光器と CCD が一体化した，超小型の分光ユニットを比較的安価に入手できる。

〔3〕**特　　徴**　OES は，プラズマから発した光を測定するだけであり，原理的にプラズマをまったく乱さず，どんなプラズマプロセスでも利用が可能な点で，シンプルかつ非常に強力なプラズマ診断ツールである。

一方で，光らないガス種についての情報は得られないという致命的な欠点がある。Ar, H_2, N_2 など，単原子分子や2原子分子のみを含むプラズマの場合は，多くのガス種が発光し，発光スペクトルから多くの有用な情報が得られる。しかし，三つ以上の原子を含む分子では，多くの場合，励起状態から脱励起でなく解離過程へ進むため発光しない。したがって，多原子分子がプロセスの主体となるプラズマ CVD などにおいては，主要な反応過程と直結する情報

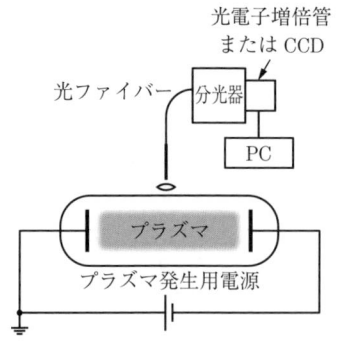

図 2.14 OES 測定システムの概要図

を，OESで得ることはあまり期待できない。

　また，OESには定量性に欠けるという欠点がある。あるガス種の発光ピーク強度が2倍になったら，そのガス種の空間密度も2倍になったと認識してよいか，あるいは，ガス種Aの発光強度がガス種Bの発光強度の2倍であったら，AはBの2倍の空間密度であるとしてよいかというと，残念ながらそう単純ではない。発光強度は，励起状態にあるガス種の空間密度と脱励起確率の両方に比例するので，そのガス種全体の空間密度を反映しているわけではないし，また，脱励起確率が異なる他ガス種発光の発光強度と比較することは意味がない。ただし，H原子やHe原子のように，遷移確率や励起エネルギーなどのパラメータが既知である場合には，H_α線とH_β線の強度比から，ボルツマン分布を仮定した場合の電子温度を求めることができる。あるいは，N_2プラズマにおける各発光ピークの強度比やピーク形から，N_2分子の振動・回転温度を推定できる。また，プラズマを乱さない程度に微量のArやHeを導入し，それらの空間密度が既知であれば，ArやHeの発光強度との比から，他ガス種の空間密度を推定することも可能である。これらは，2本の発光ピークの強度比を基にしており，「アクチノメトリー法」と呼ばれる。間接的ながら，簡便に内部パラメータを導出することができるが，それぞれ何らかの仮定の下であること，また，発光ピークの選択にも，励起準位と脱励起準位が限定されることに注意が必要である。

2.3.3　質量分析法

〔1〕**原　　理**　プラズマから微量のガスを抜き取り，質量スペクトルを測定することによって，プラズマ中にどのようなガス種が存在するか，またどのような空間分布であるかについての情報が得られる。質量からガス種の同定が，また質量ピーク強度からガス種の空間密度に関する情報が得られる。

〔2〕**装　　置**　図2.15に，質量分析法によるプラズマ診断を示す。
　プラズマからのガスサンプリングは，測定したい場所へ質量分析装置の先端を設置し，微小な導入口を通して高真空状態の質量分析装置内へ直接ガスを導

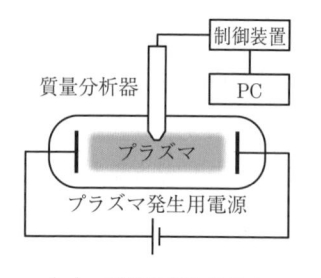

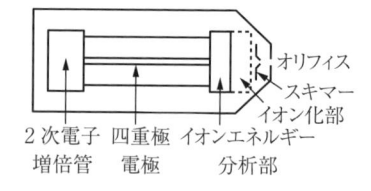

図2.15 質量分析法によるプラズマ診断の概要

(a) 質量分析システム　(b) 四重極質量分析ユニット

入する。これは、ガス種どうしの衝突や壁との相互作用によって、寿命の短いラジカル種が、輸送路内で別の安定なガス種へ変化するのを防ぐためである。

ガス種の質量分析を行うには、ガス種をイオン化し、生成したイオンを質量分離する必要がある。イオン化手法には、電子衝撃法、光イオン化法、化学イオン化法、フィールド脱離法、粒子衝撃法などがある。なお、プラズマ中のイオンのみを測定する場合には、サンプリングしたガスのイオン化は必要ないが、当然、中性ガス種に関する情報はまったく得られない。イオン化したガス種の質量分離手法には、磁場型、四重極型、イオントラップ型、飛行時間型などがある。これらの中で、一般的な組合せは、電子衝撃法と四重極型である。

電子衝撃法は、高温のフィラメントから放出される熱電子を最もイオン化断面積の高い100 eVほどに加速し、導入したガス種へ衝突させる。四重極型質量分析法は、平行に置いた4本の双曲線形断面を持つ電極間に高周波の電場を作り、特定の質量を持つイオンのみがその長軸方向の空間を飛行できることを利用した質量分離法である。イオンの検出には、2次電子増倍管が用いられ、イオン電流、すなわちイオンの数がデータとして得られる。

〔3〕**特　徴**　分子量を測定する手法であり、どんなガス種でも検出可能である。またイオンの数を測定するため、異なるガス種間でも定量性がある。その一方で、ガス導入口の設置によってプロセスを乱す、イオン化によって解釈が非常に複雑になるという欠点がある。また、質量分析装置をプロセス装置へ設置する際に、さまざまな制約が生じることがある。

電子衝撃によるイオン化はイオン化率が高く，得られる信号強度が高いという長所がある一方，電子衝撃によってガス種が開裂するため，質量スペクトルには複数のピークによって構成される開裂パターンが現れる。電子衝撃エネルギーが一定であれば，各フラグメントへの解離イオン化断面積は一定であるため，開裂パターンにおける各ピークの強度比は変化しない。したがって，さまざまなガス種の開裂パターンデータベースがあれば，サンプリングした気体中のガス種を同定することができる。また，パターン全体の強度は導入したガス種の分圧に比例するため，ガス種の定量を行うことができる。複数のガス種が混合している場合，それぞれのガス種に対する開裂パターンが，それぞれの分圧に比例した強度で重ね合わさった質量スペクトルが得られる。

四重極型質量分析装置は通称「Q-Mass」と呼ばれ，イオンの飛行距離が短く装置を小型にできること，また，イオンをパルス化する必要がないという利点がある。一方で，測定できる質量レンジが限定される，質量分解能を上げるのが困難であるという欠点がある。原理的に2価のイオンは半分の質量のイオンとして検知されるため，例えば N^+ と N_2^{2+} の区別をつけることはできない。また，同じ質量数のイオン種の区別は困難である。例えば，Si^+，N_2^+，CO^+，$C_2H_4^+$ はいずれも質量数が約28であるが，厳密にはSi：28.086，N_2：28.013，CO：28.010，C_2H_4：28.053であるので，質量分解能が0.01より高ければ分離できる。四重極型でこれだけの質量分解能を実現するのは不可能ではないが，かなり高価な装置が必要になる。

3. ドライプロセスによる表面処理と薄膜形成

3.1 真空蒸着

　真空蒸着は真空中で材料を加熱蒸発させ，その材料の薄膜を基板上に形成する技術である。歴史的には，1857年にファラデーが試みたといわれている。当時は，真空状態を作り出すことがたいへん難しかったので，実用化には時間がかかった。実用化へのブレークスルーは，1930年代の，油を作動液とした拡散ポンプの完成である。これにより比較的簡単に高真空状態を作り出せるようになると，いち早く実用化されたのが真空蒸着で，初めにレンズへの反射防止膜の形成に利用された。現在でも，レンズなどの光学部品への薄膜形成は真空蒸着の最大の利用分野である。

3.1.1 真空蒸着が利用する物理現象

　はじめに，真空蒸着を理解するに当たって必要な物理現象について述べる。

　〔1〕 平均自由行程　　2.1.3項で説明したように，平均自由行程は圧力に依存する。大気圧での窒素分子の平均自由行程は約70 nmであるが，真空中の残留気体の平均自由行程は長くなる。真空蒸着は，10^{-3} Pa程度の圧力下で行うのが一般的である。このときの平均自由行程は，この圧力下で残留ガスの大半を占める水分子（H_2O）で，室温のとき約4 mとなる。真空蒸着装置のプロセスチャンバーの大きさは，各辺1 m程度の立方体，あるいは直径1 m程度の円柱形が一般的である。したがって，このプロセスチャンバー内に残留し

ている気体分子は，それぞれの衝突はほとんどなく，プロセスチャンバーの壁との衝突を繰り返す状態である。

〔2〕 **入射頻度**　真空中にある物体や壁に単位時間当りに入射してくる気体分子の数を入射頻度（impingement rate）Z_n と呼び，圧力 P〔Pa〕，気体の分子量 M，温度 T〔K〕の間に次式の関係がある。

$$Z_n = \frac{2.6 \times 10^{24} P}{(MT)^{1/2}} \quad 〔個/(m^2 \cdot s)〕 \tag{3.1}$$

実際にどのくらいの値なのかというと，10^{-3} Pa の室温のとき水分子の入射頻度は，約 3.5×10^{19} 個/$(m^2 \cdot s)$ である。この値はじつはたいへん大きな値で，固体表面に並んでいる原子の数は 10^{19} 個/m^2 程度なので，1秒間に，表面にあるすべての原子に3〜4個の水分子が衝突していることになる。

〔3〕 **蒸 気 圧**　固体でも液体でも，物質はその表面に蒸気圧がある。これは温度に依存し，温度が高くなると蒸気圧は高くなる。沸点は，その物質の液体状態の蒸気圧が大気圧になる温度である。

3.1.2　真空蒸着の原理

真空蒸着装置の概念図を**図3.1**に示す。真空蒸着を行うには，① 真空に排気するための排気システムと真空容器，② 薄膜材料を加熱蒸発させるための蒸発源，③ 薄膜を形成する基板，が必要である。そのほかに，あれば便利なものは，④ 必要な膜厚に制御するための膜厚計とシャッター，⑤ 基板を加熱するためのヒーターである。

真空蒸着でよく利用される金属材料を**表3.1**に，化合物材料を**表3.2**に示す[1]。ここには蒸気圧が 10^{-2} Pa と 1 Pa になる温度を示した。真空蒸着は 10^{-3} Pa 程度の圧力下で行う。このとき，蒸気圧がそ

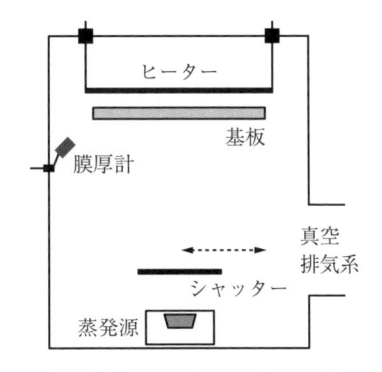

図3.1　真空蒸着装置の概念図

表 3.1 主要な真空蒸着用金属材料[1]

蒸発材料	融 点 〔K〕	密 度 〔×10^{-3} kg·m^{-3}〕	温 度〔K〕	
			蒸気圧 10^{-2} Pa	蒸気圧 1 Pa
Ag	1 234	10.5	957	1 301
Al	933	2.7	1 283	1 421
Au	1 335	19.3	1 405	1 676
C	3 923	1.8～2.3	2 410	2 874
Cr	2 163	7.2	1 430	1 637
Cu	1 356	8.9	1 290	1 537
Fe	1 808	7.9	1 453	1 698
In	430	7.3	1 015	1 185
Ni	1 726	8.9	1 537	—
Pt	2 042	21.5	2 020	2 322
Si	1 683	2.2	1 610	—
Sn	505	7.3	1 270	1 521
Ta	3 269	16.6	2 863	3 329
Ti	1 948	4.5	1 726	2 021
W	3 683	19.3	3 030	3 502
Zn	692	7.1	523	618
Zr	2 125	6.5	2 260	2 662

表 3.2 主要な真空蒸着用化合物材料[1]

蒸発材料	融 点 〔K〕	密 度 〔×10^{-3} kg·m^{-3}〕	温 度〔K〕	
			蒸気圧 10^{-2} Pa	蒸気圧 1 Pa
Al_2O_3	2 293	4.0	1 648	2 055
In_2O_3	1 838	7.2	～473	—
MgF_2	1 539	3.2	1 813	—
MgO	3 073	3.6	～1 873	—
SiO	1 975	2.1	～873	—
SiO_2	1 883	2.2～2.7	1 123	—
SnO_2	1 400	6.9	～873	—
Ta_2O_5	2 073	8.2	2 193	—
TiO	2 023	4.9	～1 573	—
TiO_2	2 123	4.3	～1 273	—
WO_3	1 746	7.2	1 733	—
ZrO_2	2 973	5.6	～2 473	—

れ以上であれば，薄膜材料の蒸気は，材料表面から周囲に拡散する．すでに述べたように，この雰囲気の平均自由行程は約4mなので，材料表面から拡散する蒸気は，残留ガス分子とほとんど衝突せず直進する．そして，衝突した基板や容器の内壁に薄膜として定着する．例えば，アルミニウム（Al）の薄膜を形成する場合は，10^{-2} Paの蒸気圧となる温度は1283 Kなので，これ以上の温度に加熱すれば，基板上に薄膜を形成することができる．薄膜の形成速度の点から，普通は1 Pa程度の蒸気圧を得たいので約1400 Kに加熱するとよい．仮に真空中でなく，大気圧（およそ10^5 Pa）で行うと沸点（2759 K）以上に加熱する必要があり，大がかりな蒸発源が必要となる．さらに空気中の酸素（O_2）により，材料が酸化してしまうことはいうまでもない．

　化合物や合金の薄膜を作製する場合，材料を加熱するとわずかに分解し，材料の組成が保てない場合がある．分解することを考慮した組成の材料を用いたり，酸素や窒素（N_2）が抜けたりしてしまう場合は，抜けてしまうガスを真空容器に導入しながら成膜するとよい．この場合は，平均自由行程を考慮し圧力が高くなりすぎないように制御する．

　薄膜をデバイスに用いる場合，使用目的によって最適な膜厚がある．蒸発源は電源を切っても，すぐに温度が下がらず，蒸気圧が下がるのには時間がかかる．したがって，基板と蒸発源の間にシャッターを置き，必要な膜厚に達したら閉じるようにする．基板に形成された膜厚を知るには，基板の近傍に膜厚計を置いて監視し制御する．また，基板温度が室温で真空蒸着により形成した薄膜は，バルクの材料に比較すると密度が著しく低く，強度も弱い．これを改善するために基板を加熱するのが一般的で，基板近傍にヒーターを置き，放射現象で基板を加熱する．基板温度は耐熱温度を考慮して決めるが，もちろん蒸発温度よりはるかに低い温度でなければ薄膜は形成されない．

3.1.3　真空蒸着装置の蒸発源

〔1〕 **抵抗加熱**（resistance heating）　　高融点金属（W，Mo，Taなど）や各種発熱体材料の両端に電圧を加えて電流を流し，ジュール熱によって加熱す

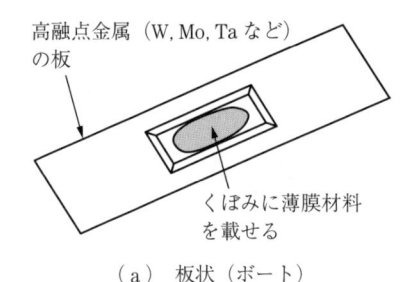

る方法である.抵抗加熱蒸発源の例を**図3.2**に示す.

図(a)のように板状の発熱体の中央にくぼみを作り,蒸発させる薄膜材料を乗せたり,図(b)のように線状のフィラメントに金属材料を短く切断したものを引っ掛けたりして,通電すると加熱蒸発させることができる.高真空中で行うので発熱体は酸化されない.発熱体は目的に応じてさまざまな形状に加工されて用いられる.薄膜材料と発熱体の組合せによっては,加熱することにより合金を作り,その部分の融点が下がり溶断してしまうことがある.このような場合には,図(c)のように耐熱性のるつぼを併用する場合もある.抵抗加熱で蒸発できる材料は限られている.金属では,金(Au),銀(Ag),銅(Cu),アルミニウムなどの比較的低い温度で蒸気圧の高くなる材料である.化合物については,蒸発することのできる材料は少なく,フッ化マグネシウム(MgF_2),一酸化ケイ素(SiO)などに限られる.

(a) 板状(ボート)

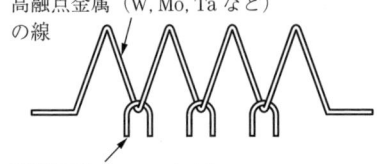

(b) 線状フィラメント

(c) 耐熱性のるつぼを併用

図3.2 抵抗加熱蒸発源の例

〔2〕 **電子銃**(electron beam gun)　タングステンなどのフィラメントを抵抗加熱することにより発生する熱電子を,高電圧で加速して照射する装置である.高速の電子を薄膜材料に照射すると,運動エネルギーが熱に変換され加熱蒸発させることができる.一般的に薄膜材料は周囲を水冷したるつぼに入れる.よく用いられる電子銃は偏向型(deflection type)であるが,大出力を必

要とするものには直進型（straight type, pierce type）が使われる。偏向型電子銃の構造図[2]を**図 3.3** に示す。現在，真空蒸着用の蒸発源として生産ラインで利用されているのは，ほとんどがこのタイプである。電子ビームは偏向コイルあるいは永久磁石による磁界で偏向，収束されて薄膜材料の表面に照射され，必要に応じて走査される。偏向型電子銃には電子ビームを 270°偏向するタイプと 180°偏向するタイプがある。いずれも，熱フィラメントを薄膜材料の蒸気から影になる位置に配し，汚染されにくく設計されている。特に，270°偏向タイプは蒸発面より下方の隠れた位置に熱フィラメントがあるため有利である。偏向型電子銃は加速電圧数 kV〜15 kV 程度，出力 30 kW 程度までの製品が市販されている。電子銃を用いると，ほとんどの薄膜材料を蒸発させることが可能である。

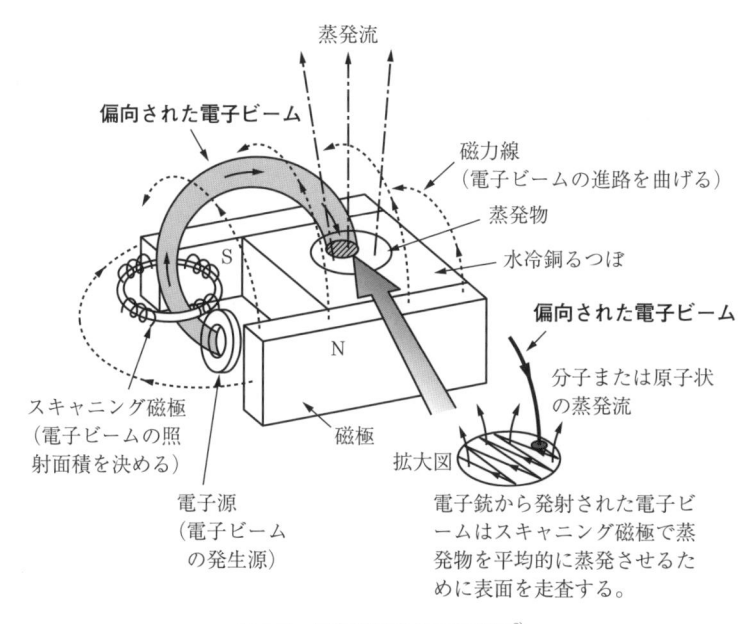

図 3.3　偏向型電子銃の構造図[2]

〔3〕**高周波誘導加熱**（high-frequency induction heating）　　高周波誘導による渦電流損とヒステリシス損によって材料を加熱蒸発する方法である。材料を入れたるつぼを囲むように設置したコイルに高周波電力を投入する。るつ

ぼ材料にはグラファイト，またはアルミナ，マグネシア，窒化ホウ素複合体などのセラミックスが用いられる．工業的にはアルミニウムの大量蒸発に用いられ，毎秒 200 nm 程度の高速成膜も可能である．

〔4〕 **レーザー加熱**（laser heating） 高出力レーザーを加熱蒸発に用いる方法である．薄膜材料はスパッタリングと同様な板状のターゲットで用意する．レーザー光は窓から真空容器に導入し，レンズ，凹面鏡などで集光してターゲットに照射する．連続発振レーザーを利用する場合とパルス発振レーザーを用いる場合があり，それぞれで蒸発の状態が異なる．連続発振レーザーの場合は，材料表面の加熱蒸発による材料の気化が主体である．パルス発振レーザーの場合は単純な加熱蒸発ではなく，照射された部分の材料表面が瞬間的に高温高圧状態となり発光を伴って気化する．この現象をレーザーアブレーション（laser ablation）といい，生成するプラズマ上にプルーム（plume）と呼ぶ発光電子雲ができるのが特徴である．

3.1.4 蒸着による薄膜の特徴

蒸着は，通常，$10^{-2} \sim 10^{-4}$ Pa の圧力下で行われ，このときの平均自由行程は数十 cm ～数十 m である．したがって，蒸発源から気化した薄膜材料は，ほとんど衝突することなく基板へ到達する．蒸発源から蒸発して飛び出していく蒸発粒子のエネルギーは蒸発源から得る熱エネルギーだけなので 0.1 eV からたかだか 1 eV である．これは真空を利用した薄膜作製技術の中で最も小さい．このことは，基板に与えるダメージが小さい利点はあるが，反面，膜がポーラスになりやすく，膜の密度が低く，膜強度が不足する傾向がある．すなわち，**図 3.4** のように空隙の多い薄膜となりやすい．これは，基板に到達した位置から動くことができないことによる．真空蒸着による成膜で重要なことは，薄

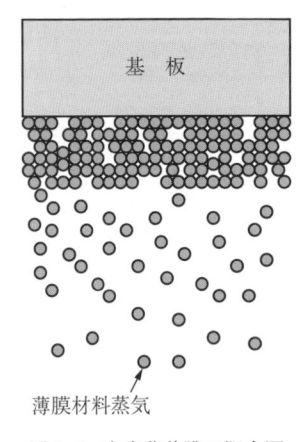

図 3.4 真空蒸着膜の概念図

膜材料の基板への入射頻度を，残留気体の基板への入射頻度より十分に大きくすることである．蒸着が行われる圧力では，入射頻度の説明で述べたように，残留気体の入射頻度はたいへん大きい．したがって，薄膜材料の入射頻度を大きくしなければ，薄膜に残留気体が取り込まれてしまう．蒸着が行われる圧力域では，残留気体の最も多い成分は水（H_2O）である．薄膜に水が取り込まれると，当然，膜に空隙ができることになり，ポーラスで低密度な膜となる．

これを改善するには基板を耐熱温度の範囲内で加熱して成膜するのが有効である．基板の温度が高ければ，残留気体（特に水蒸気）の基板への付着確率が減り，膜に取り込まれる量が減少する．また，基板に付着した膜材料が熱エネルギーで動きやすくなり，不安定な場所に付着したものが安定な場所へ移動できることも，膜の密度を高めるのに役立つ．

蒸着による薄膜の密度を高めるために基板加熱は効果があるが，プラスチックなど，加熱できる温度が限られる基板の利用も多い．さらに，加熱以上の効果を求める研究がすすめられた．この結果，広く利用されているのが，後述するイオンプレーティング（ion plating）と気体イオンを同時照射するイオンビームアシスト蒸着（ion beam assisted deposition，IBAD）である．

3.2 イオンプレーティング

3.2.1 イオンプレーティングの原理

イオンプレーティングは，1964年に米国のD. M. Mattoxによって考案された[3), 4)]．これは真空蒸着などのように真空中で金属や酸化物などの蒸発により薄膜を形成させるとき，蒸発分子をイオン化することにより，粒子の運動エネルギーを増加させ，薄膜特性，密着性，反応性などを高め成膜する手法である．したがって，イオンプレーティングは真空蒸着とプラズマや電子を用いたイオン発生機構を組み合わせたものといえる．イオン発生機構にも種々あり，おのおの利点と欠点が存在する．

一般的に，真空中でイオン化された蒸発粒子が基板上に到達したときに，運

動エネルギーの大きさによって，いろいろな現象を起こす。その現象を順に列記するとつぎのようになる（図3.5）。

① 運動エネルギーの小さい粒子は，基板上にちょうど雪が降り積もるように蓄積し，薄膜を形成する。

② 少し運動エネルギーが大きくなると，基板に到達した蒸発粒子は，基板表面を自由に動き回り，最も安定した位置に落ち着きながら薄膜を形成する。

③ さらに運動エネルギーが大きくなると，夕立のような激しい雨に表面がたたかれたときに泥水が跳ね飛ばされるように，イオンの衝突によって，基板上の原子や分子を飛び出させる。これがスパッタリング現象である。

④ 蒸発粒子がイオンとなって，さらに運動エネルギーが大きくなると，基板の中に入り込んでいく。すなわちイオン注入現象が起こり始める。

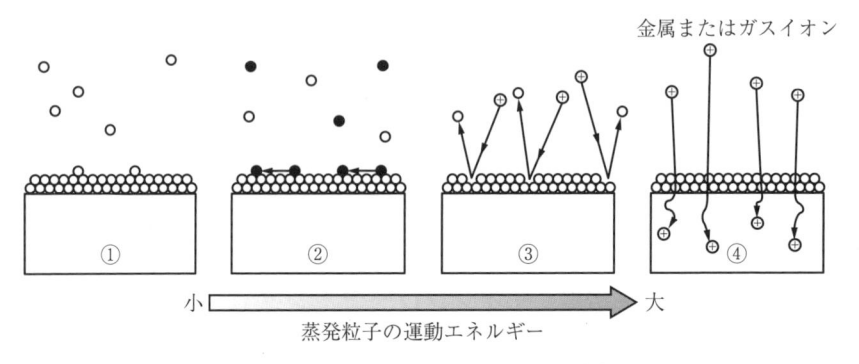

図3.5 基板表面に到達した粒子の挙動

イオンプレーティングにおける蒸発粒子には，イオン，ラジカル（励起状態粒子），中性粒子などが含まれ，それぞれ運動エネルギーが異なったものが存在し，イオンプレーティング中には，上記①～④に示したいろいろな現象を同時に基板上で起こしながら薄膜を形成している。これが良質で密着性の良い薄膜を形成できる大きな原因の一つでもある。

イオン注入効果もわずかではあるが，あるといわれている。スパッタリング現象と併せて基板と薄膜とのミキシングによって，相互の原子の濃度勾配が生じて，密着性に寄与するものと考えられている。

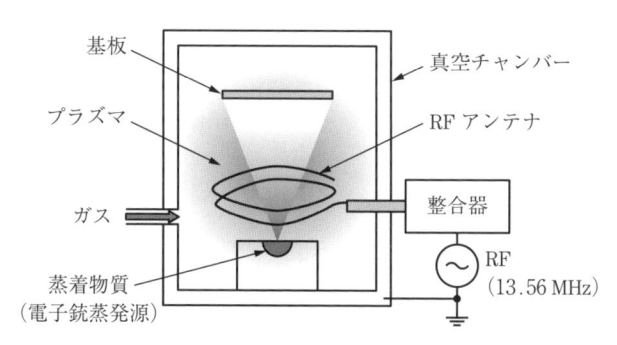

3.2 イオンプレーティング

イオンプレーティングといっても，必ずしも蒸発粒子がすべてイオンとなって基板に到達するものではない。イオン化率はそのイオン化の方法によって異なっており，プラズマを用いた場合はプラズマ中のガスイオンと蒸発系からの金属イオンの分離が難しく，正確な値は測定困難であるといわれている。

3.2.2 イオンプレーティングの特徴

ここでは筆者らが開発した高周波励起法によるイオンプレーティングを例に特徴を説明する[5]（図3.6）。

図3.6 高周波励起イオンプレーティング法

① 薄膜形成の直前に，物理的・化学的前処理としてArや活性ガスによるイオンボンバードによって，基板表面の清浄や表面改質することができる。その後真空を破ることなく清浄表面基板上に，薄膜が形成される（図3.7）。

② 蒸発粒子のイオン化と基板に印加した電場により，それ自体の運動エネルギーを高め，膜の密着性や特性を制御できる（図3.8）。

③ 薄膜の形成中においても，イオン化された蒸発粒子によって基板へのボンバードと堆積が行われている。この作用は初期においては基板表面にミキシング層を形成し，後期においては膜を緻密化し，特性を高める効果がある。イオンのエネルギーを大きくし過ぎると，イオンによる基板へのボンバード効果が大きくなり，膜形成速度が小さくなる欠点もある（図3.9）。

④ 蒸発粒子のイオン化や励起粒子の生成によって，ガス分子との化学反応

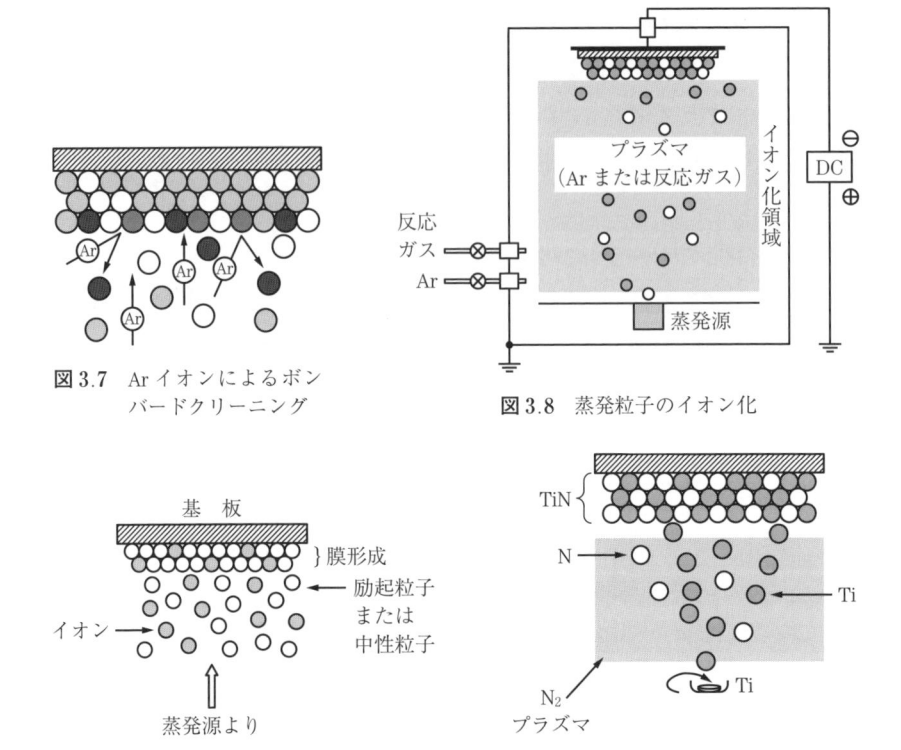

62   3. ドライプロセスによる表面処理と薄膜形成

図 3.7 Ar イオンによるボンバードクリーニング

図 3.8 蒸発粒子のイオン化

図 3.9 イオンのミキシング層形成

図 3.10 反応性イオンプレーティング（TiN 形成）

性が高まり，酸化物，窒化物セラミックスなどの化合物薄膜を室温上で形成することができる（**図 3.10**）。

⑤ 有機ガスの導入や有機物，無機物の蒸発により有機・無機複合膜が形成され，膜の物性を制御することができる（後出の図 3.14 を参照されたい）。

以上述べたようなことが従来の真空蒸着法と異なる大きな特徴である。

3.2.3 イオンプレーティングの種類

現在，多種類のイオンプレーティング装置が存在しているが，ここでは歴史的な発達過程が示されるもの，そして現在使われている代表的なものの概略機構図を**図 3.11** に示す[6]。

3.2 イオンプレーティング

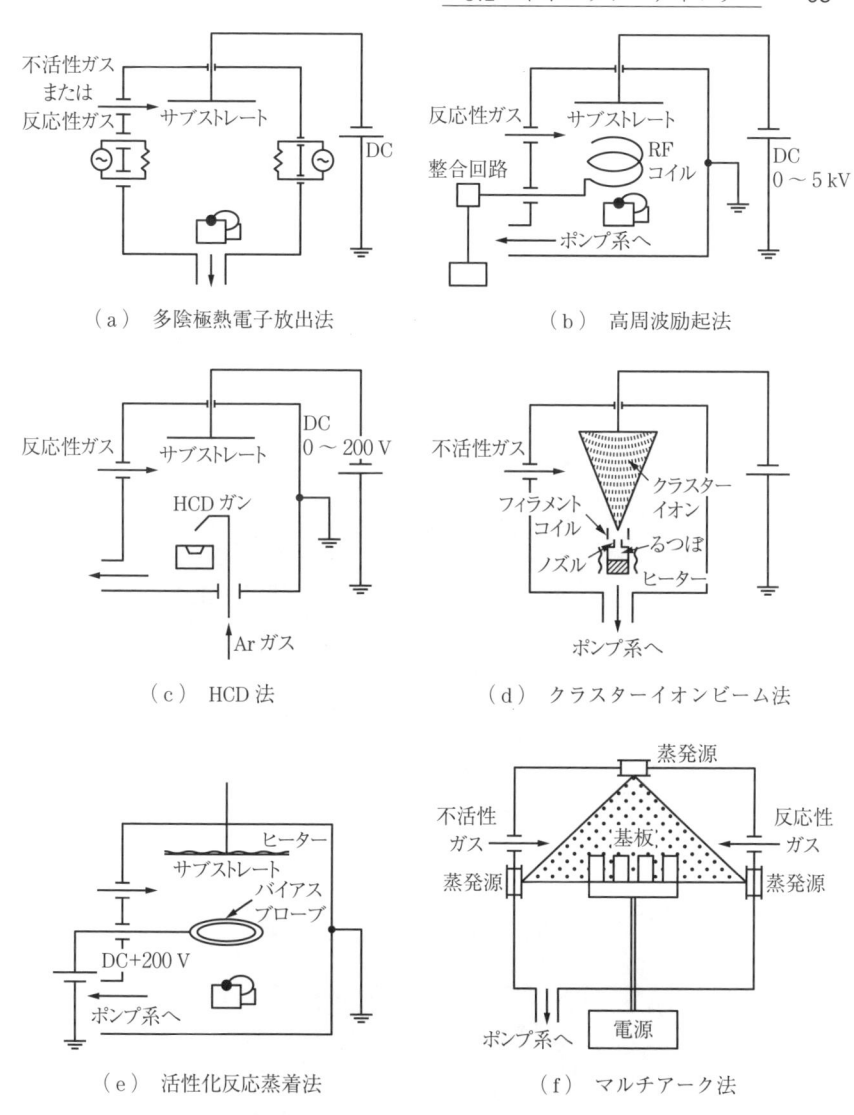

(a) 多陰極熱電子放出法
(b) 高周波励起法
(c) HCD法
(d) クラスターイオンビーム法
(e) 活性化反応蒸着法
(f) マルチアーク法

図3.11 各種イオンプレーティングの種類

3.2.4 反応性イオンプレーティング

　反応性イオンプレーティングは，真空蒸着にはない成膜機構を持つイオンプレーティング最大の特長である。プラズマ中の現象は非常に複雑であるが，そ

の電離過程は一般につぎのように考えられている.

中性原子を X, Y と書き,準安定原子(励起原子)を X_m^*, 正イオンを X^+, Y^+ と表し,電子を e,光子を $h\nu$ と表せば

① 電子衝突による電離　　　　: $e + X \rightarrow X^+ + 2e$
② 準安定原子による電離　　　: $X_m^* + Y \rightarrow X + Y^+ + e$
③ イオン衝突による電離　　　: $X^+ + Y \rightarrow X + Y^+ + e$
④ 中性粒子衝突による電離　　: $X + Y \rightarrow X + Y^+ + e$
⑤ 光による電離　　　　　　　: $h\nu + X \rightarrow X^+ + e$

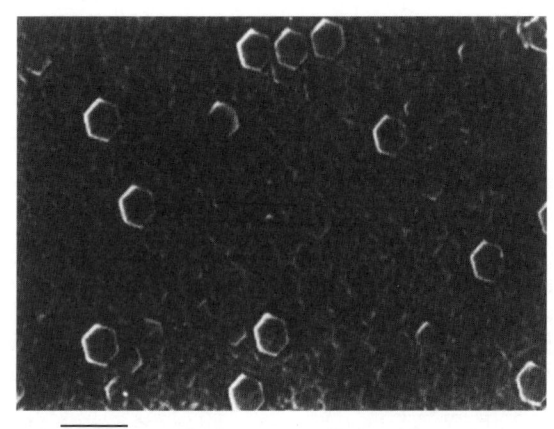

1 μm

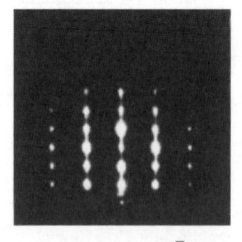

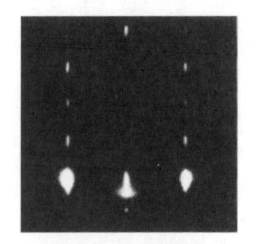

Beam // ZnO $[10\bar{1}0]$ 　　　　Beam // ZnO $[11\bar{2}0]$
　　　: on $Al_2O_3(0001)$
　　　: in N_2
　　　: Sub. 温度 400℃

図 3.12　反応性イオンプレーティングによる ZnO 膜
　　　　（SEM 像と RHEED パターン）

一方,装置内で蒸発された金属原子や粒子などは,ガス原子や分子との衝突により金属イオンや励起粒子になり,これらはみな化学的に活性であると考えられている.上に示した電離過程を示すプラズマ内では,さらに複雑な化学反応過程が生じていることも事実である.

例えば,酸素ガスプラズマ中で金属 Zn を蒸発させて,サファイア基板上にきわめて結晶性の良い ZnO 膜が形成される[7] (**図 3.12**).

また,窒素ガスやアンモニアガスプラズマ中で金属 Al を蒸発させ,スピネル基板上にもきわめて結晶性の良い AlN 膜が形成される[8] (**図 3.13**).

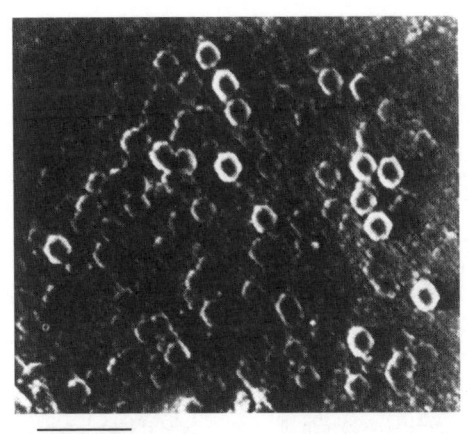

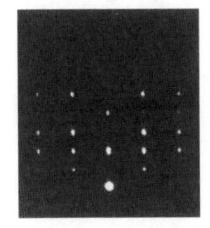

2 μm

Beam // 〔10$\bar{1}$0〕AlN　　Beam // 〔11$\bar{2}$0〕AlN

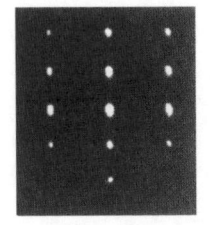

: on MgAl$_2$O$_4$(111)
: in NH$_3$
: Sub. 温度 1 000℃

図 3.13　反応性イオンプレーティングによる
　　　　　AlN 膜 (SEM 像と RHEED パターン)

これらはいずれも各ガス流量と金属原子の蒸発量，基板温度などを制御することにより，きわめて結晶性の高い膜が形成されていることを示している。

このような現象は酸素，窒素以外の多くのガスについても同様で，アンモニア，メタン，硫化水素なども反応ガスとしてよく利用される。これらのガスプラズマ中に種々の金属を蒸発させれば，おのおのの窒化物，炭化物，硫化物の膜が形成できる。

この方式による成膜ではいろいろな特徴があるが，中でも化学反応を利用した各種の化合物膜が，基板温度の熱や他のエネルギーを借りずに成膜できることが最も大きな利点である。

3.2.5 イオンプレーティングによるハイブリッド膜形成

イオン化機構に低温プラズマを利用すると，有機・無機のハイブリッド膜を形成することができる[9]。通常の蒸着法のように有機・無機物質を同時またはおのおの蒸発させる方法や，有機ガスを用いて，一種のプラズマ重合過程を利用する方法がある。これはいずれも有機・無機の互いの欠点をカバーできる膜が形成されるので利用価値は高い（図3.14，図3.15）。

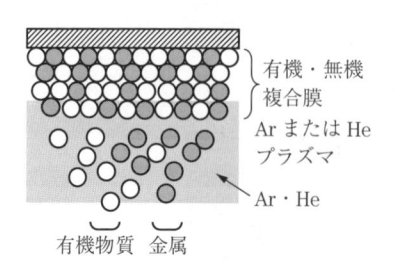

図3.14 有機・無機複合膜形成

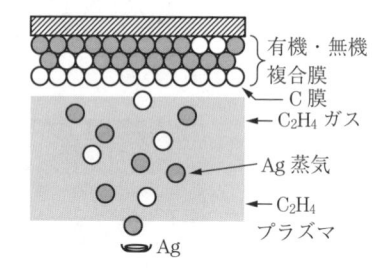

図3.15 有機・無機複合膜形成

イオンプレーティングとはいわないが，有機モノマーガスをプラズマ化させて成膜するいわゆるプラズマ重合がある。これは，CVD法と異なり，有機モノマー分子がポリマー化して膜となるために幅広い応用ができる。

近年，この手法もイオンプレーティングの一種として取り扱われ，種々の複

合膜または重合膜として市販されている電気電子製品などにも見られる。

ハイブリッド薄膜形成法を模式的に**図3.16**に示す。

- 高周波イオンプレーティング（含反応性）
- プラズマ重合
- プラズマCVD
- 複合的手法（hybrid technology）

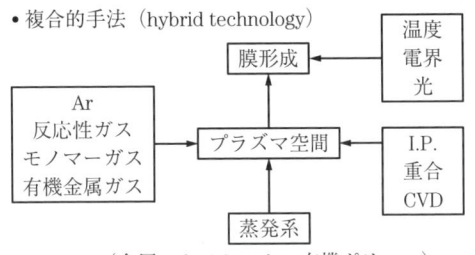

```
                        ┌──────┐
                        │温度   │
              ┌─────┐   │電界   │
              │膜形成│←─│光     │
              └──┬──┘   └──────┘
    ┌──────┐    ↑
    │  Ar   │    │       ┌──────┐
    │反応性ガス│   │       │I.P.  │
    │モノマーガス│→│プラズマ空間│←│重合  │
    │有機金属ガス│   │       │CVD   │
    └──────┘    ↑       └──────┘
                   ┌──┴──┐
                   │蒸発系│
                   └─────┘
```

（金属，セラミック，有機ポリマー）

図3.16 ハイブリッド薄膜形成法

3.2.6 イオンプレーティングで得られる膜構造

真空を利用した薄膜形成は，いずれの方式でも，より高真空中（低圧力）での成膜が最も重要な基本的条件である。実験的には，高真空中で作られた膜ほど硬く，緻密であることがわかっている。したがって，イオンプレーティングのようにプラズマを伴う成膜法では，より高真空中で放電ができるか否かが問題になってくる。

得られた膜の構造や，物性は，通常，その使用目的により検討されるが，基本的には，膜形成初期過程で膜の構造や物性が決定する場合が多い[10]。

例えば，真空蒸着と高周波イオンプレーティングにより，NaCl(001)面上に金を成膜初期過程を透過型電子顕微鏡写真から解析すると，ごく薄いときから，イオンプレーティング膜は粒子が細かく高密度に分布しており，膜の結晶性も真空蒸着に比較してよいことが，回折図形により示されている。イオン化した粒子の存在する膜とそうでない膜の違いが，薄膜形成初期過程から鮮明に現れていることが実験から確かめられている。

イオンの効果は比較的厚い膜においても現れる。基板に垂直方向に直流電場

を，平行方向に交流電場を印加してみる。走査型電子顕微鏡により膜の断面を見ると，直流電場に対しては膜内の粒子は，基板に対し垂直方向に柱状に成長しているのが見られる。一方，交流電場の場合は，柱状組織は見られず滑らかな断面を呈している。この両者を比較してみると，イオンが電場に対する動きとともに，電子線回折パターンからは膜の結晶性が判断できる。直流電場下では単結晶パターンを示すが，交流電場下では多結晶パターンを示している。この現象を利用すれば，金属などのアモルファス膜を得る際の成膜条件の一つともなり得る。

被蒸着物である基板は，プレーティング中もガスイオンや蒸発物質のイオンなどの衝撃を受けており，その中で粒子が凝結するものであるから，膜構造にもいろいろな変化が起こる。このような膜の形態（morpholgy）について，S.A.Aisenberg や P.L.Charmichael らの報告がある[11]。膜の形態を断面から見て，膜面の滑らかさを 0 から 100 まで分割して，その値で膜構造を判断する方法である。これは"figure of merit of morphology（FOM）"からの考えである[12]。FOM が 100 の一番表面が滑らかで密度の高い膜を得るには，イオンや励起粒子の存在，比較的ゆっくりした成膜速度と，より低圧プラズマ中（高真空）での成膜が必要であると結論付けている。

イオンプレーティングの利用に関しては，蒸発材料の種類，基板の種類，膜特性などを十分考慮の上，目的にあったプラズマ発生法やイオン化の手法を選択することが最も重要である。

3.3 スパッタリング法

3.3.1 スパッタリング現象とスパッタリングによる薄膜堆積

スパッタリングとは，ターゲットとする材料の表面に衝突した高エネルギー粒子がターゲット材料表面を構成する粒子との間で運動量を交換し，その結果としてターゲット材料粒子が気相中に放出される現象をいう。ドライプロセスにおいては，スパッタリング現象はエッチングと薄膜堆積に使われる。エッチ

3.3 スパッタリング法

ングにおいては，物理プロセスであるスパッタリングと同時に化学プロセスを使うことが多く，エッチングプロセスを示す用語としてスパッタリングを用いることは少ない。薄膜堆積においては，スパッタリングという用語をスパッタリング現象による材料の気相への放出と，放出された粒子の固相への凝縮による薄膜形成をも含めた意味で使う。薄膜堆積においては，スパッタリングターゲットとなる材料が薄膜材料となる。

スパッタリング現象を起こすためには粒子の加速が必要である。最も一般的な方法は，ターゲットとする材料に負電圧を印加し，その前面にプラズマを形成し，このプラズマ中のイオンをプラズマシース（イオンシースともいう）における電位差により加速し，粒子にエネルギーを与える方法である。この方法において使われるプラズマは一般的には，面積比の大きな平坦な形となる。イオンビーム源を用いるなど他の方法においても高エネルギー粒子を得ることができるが，薄膜堆積方法としての工業的応用においてはプラズマを用いる方法が一般的である。プラズマを利用したスパッタリングにおいては，プラズマを形成するために 0.4 Pa から 2 Pa 程度の圧力の真空を用いる。

スパッタリング法における薄膜堆積は，粒子の気相から固相への非平衡凝縮である。スパッタリングにより発生した粒子の温度は数万 K に達することもあり，基板に到達した時点においても，その温度は数千 K である。化学気相成長法や蒸着法においては，薄膜を形成する基板上での粒子へのエネルギー付与はおもに基板加熱によるが，スパッタリング法においては，スパッタリングされ，薄膜を形成する粒子自体が薄膜成長に必要なエネルギーを基板上に輸送していく。化学気相成長法や蒸着法における薄膜成長は平衡プロセスであり，薄膜成長プロセスが基板温度により支配されるが，スパッタリング法において基板温度が低い場合には，薄膜を形成する粒子自体のエネルギーが薄膜成長プロセスを支配する。さらに，スパッタリング法においては，基板温度を高くした場合にも粒子温度が基板温度よりも高いことが多く，程度に差はあれ，薄膜堆積は非平衡プロセスとなる。

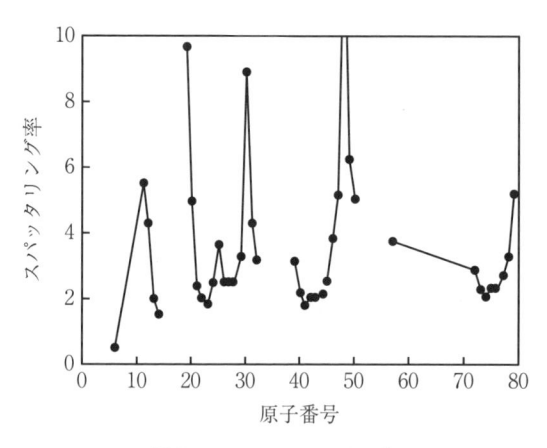

3.3.2 スパッタリング率とスパッタリングにより発生した粒子エネルギー

スパッタリング現象において，入射粒子数に対するスパッタリング粒子の数の割合をスパッタリング率という。スパッタリング率は入射粒子の質量，エネルギー，入射角，およびターゲット材料種に依存する。図 3.17 に，linear cascade theory[13), 14)] に基づいて種々の元素に対するスパッタリング率を計算した結果を示す。

図 3.17 スパッタリング率

Au, Ag, Cu, Al などが高いスパッタリング率を示し，C, Ti, Ta, W などが低いスパッタリング率を示す。Ti, Zr, Nb, Ta, W などの金属では，実測値が計算値より低くなるが，C, Al, Si, Cu などの金属では実測値と計算値は良い一致を示す[14)]。

スパッタリング現象により気相中に放出された粒子は，温度に換算すると数万 K という高いエネルギーを持つ。放出された粒子のエネルギーは，ターゲット材料に依存し，ターゲットを構成する元素の原子量が大きいほど大きくなる。入射粒子エネルギーへの依存性は小さいが，大きなエネルギーを持つ粒子が入射した場合には，スパッタリングされた粒子のエネルギーが大きくなる傾向がある。

スパッタリングにおいては，数 Pa 程度の真空を用いる。この圧力領域にお

ける平均自由行程の長さは数cm程度であり，スパッタリングされた粒子はターゲットから基板に到達する間に放電ガス分子と衝突し，そのエネルギーを失っていく。スパッタリング粒子の持つエネルギーは，基板に到達した時点においては数千K程度に低下する[15), 16)]。同時にスパッタリング粒子は，衝突により方向性をも失っていく。粒子エネルギーと方向性の損失が，スパッタリングにより堆積された薄膜の構造に大きく影響する。これについては，次項で述べる。

3.3.3 スパッタリング法により堆積された薄膜の持つ構造的な特徴

薄膜堆積において，おもに薄膜構造を支配する要因は基板温度である。基板温度を高くすれば良質の薄膜が得られる。しかしながら，工業的な薄膜堆積においては，基板あるいは基材として用いる材料の耐熱性やプロセスコストから基板加熱をできるだけ抑えたいということがある。

前項で述べたように，スパッタリング粒子は高いエネルギーを持つ。したがって，スパッタリング法においては，蒸着法や化学気相成長法に比べて，基板温度を低くすることができる。これが，スパッタリング法のプラスチック基板や大面積基板への薄膜堆積法としての工業的な応用を可能としている。しかしながら，基板を加熱しないがために薄膜構造が基板に入射する粒子のエネルギーに支配され，同時に，基板温度が低い場合には粒子温度が高いといえども基板表面での粒子の拡散距離が短いので，粒子が低い角度で基板に入射する場合には，成長する粒子自体の影になる部分に斜め入射粒子が到達することができず，この影の部分の成長が抑えられるという効果（シャドウイング効果）が現れる。これらは，基板温度が低い場合にはスパッタリング薄膜の構造が放電圧力に影響されることを意味する。さらに，薄膜堆積過程の非平衡性が，大きな残留応力の発生などの望まない結果をもたらす。スパッタリング法の応用においては，スパッタリング条件と薄膜の構造の関係を十分に理解し，プロセスを設計することが重要となる。

スパッタリング法における薄膜構造を，放電圧力および基板温度に対して示

したモデルが**図 3.18** の Thornton モデルである[17), 18)]。Thornton モデルにおいて薄膜構造は，薄膜材料の融点に対して規格化された基板温度（T_s/T_m）に対して四つの zone に分けて示されている。基板温度が低い側から zone 1，zone T，zone 2，および zone 3 となる。

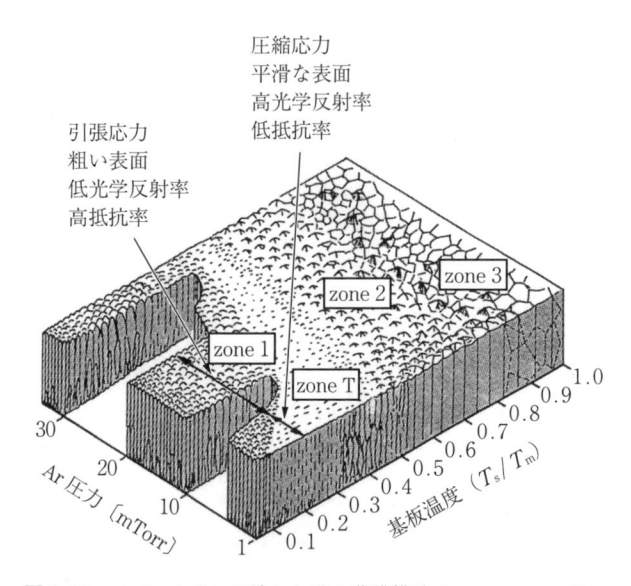

図 3.18 スパッタリング法における薄膜構造の Thornton モデル
（J. A. Thornton：J. Vac. Sci. Technol., **11**, 666（1974））

zone 1 は，繊維状構造といわれる構造を形成する範囲である。細い，繊維が縦に詰まった構造である。一つひとつの構造は，長周期構造は持たず，X 線回折では回折ピークを持たないブロードなパターンを示す。基板温度が低く，基板に到達した粒子が，ほとんど基板上で移動することなく薄膜を形成していく結果である。T_s/T_m は，0.2～0.3 程度の範囲である。

zone 2 は，柱状構造といわれる構造を形成する範囲である。繊維状構造に比較して一つひとつの構造がやや太くなり，かつ薄膜表面にも結晶成長面が現れてくる。一つひとつの構造内において，長周期構造が現れてくるが，得られる回折パターンは配向を示し，いわゆる粉末パターンとは異なる。薄膜堆積条件と結晶構造によっては，強い配向性を示す場合もある。六方最密構造における

c 軸配向などが顕著な例である.この領域においては,基板に到達した粒子が,基板上で 2 次元的に移動することが可能となり,最も安定な配向を優先しながら,薄膜として成長していく.ただし,熱力学的に平衡条件にあるわけではないので,3 次元的な成長は示さない.T_s/T_m は,0.5〜0.8 程度の範囲である.

zone T は zone 1 と zone 2 の間の領域に存在する.繊維状構造を形成する領域に比較して基板上粒子の移動は促進され,繊維状構造がやや詰まってくる.しかし,結晶成長が促されるまでには基板温度が高くはないがために薄膜表面には結晶成長面は現れず,表面は平滑となる.

zone 3 は,薄膜が 3 次元的に成長していき,スパッタリング薄膜に固有であった柱状構造を示さなくなる領域である.これが,Thornton モデルでは,柱状構造内の横向きの結晶粒界として表されている.熱平衡に近い状態における薄膜成長となり,X 線回折においては,配向を示さず,粉末パターンに近い回折を示すようになる.ただし,基板が無定形ではなく,基板と薄膜の間にエピタキシャル条件が存在する,すなわち薄膜がエピタキシャル的に成長したほうが熱力学的に安定な場合には,そのエピタキシャル条件に基づく配向を示すこととなる.T_s/T_m は,0.8〜1 の範囲である.

構造モデルの放電圧力軸に着目してみよう.zone 1 は,放電圧力が 0.1 Pa (1 mTorr) と低い領域では,T_s/T_m 比が 0.1 程度の狭い範囲においてしか存在しないが,放電圧力が 2〜3 Pa (20〜30 mTorr) である高い領域においては,T_s/T_m 比が 0.5 程度までその範囲を広げている.zone T は同様に低圧力域においては $T_s/T_m=0.1〜0.35$ の領域であり,高圧力域においては $T_s/T_m=0.45〜0.55$ となり,zone 2 は低圧力域においては $T_s/T_m=0.35〜0.7$,高圧力域においては,$T_s/T_m=0.55〜0.7$ 程度となる.

薄膜構造モデルは,基板に入射する粒子のエネルギー,粒子の入射角度,そして基板上における粒子の拡散を反映している.放電圧力が高い領域においては,スパッタリング粒子が高い確率において放電ガス粒子と衝突することによりエネルギーを失い,基板上での拡散距離が小さくなる.したがって,基板上

での粒子拡散がその構造を支配しない構造である繊維状構造 zone 1 の範囲が広がってくる。基板温度が高くなるにつれて，粒子エネルギーおよび粒子入射角度，すなわち放電ガス圧力が薄膜構造に与える影響は少なくなってくる。基板温度が高い場合には，基板温度による粒子拡散が構造により大きく影響してくるがためである。zone 3 において，基板温度により粒子拡散が支配されるため，薄膜構造は放電ガス圧力に依存しない。

スパッタリング法において，室温あるいは数百℃の基板に薄膜を堆積する場合には，T_s/T_m 比は大きくとも 0.2～0.3 程度である。すなわち，ほとんどの薄膜堆積を zone 1 の領域で行っていることとなる。zone 1 は，薄膜構造が大きく圧力に依存する領域であり，スパッタリング法における薄膜堆積においては，放電圧力が薄膜構造に大きく影響することがわかる。

薄膜の構造は，電気的，光学的，あるいは機械的物性を決定する。繊維状あるいは柱状構造を持つ薄膜は，電気的には，導電率あるいは誘電率がバルク材に比べて低いという特徴を示す。光学的には，屈折率が低くなるとともに，水の吸着などにより外部環境の影響を受け，屈折率が変化するということにつながる。薄膜構造をより緻密なものにしようとして，低い圧力で薄膜を堆積すると，大きな圧縮応力が薄膜に残留することが多い。これは，高いエネルギーを持った粒子が非平衡下において薄膜を形成した結果である。化合物薄膜においては，数 GPa という大きな圧縮応力を持つことも多く，膜剥がれや基板の反りの原因となる。スパッタリング法による薄膜堆積において，放電圧力を低くして良好な電気的あるいは光学的物性を得ようとした場合には，応力が大きくなる。デバイスの要求特性に見合った薄膜堆積条件の選定が重要となる。

3.3.4 スパッタリング装置の概要

図 3.19 に代表的なスパッタリング装置の構成を示す。装置は，筐体（きょう）となるチャンバー，排気系，ガス供給系，カソード，および基板保持部から成る。

バッチ式といわれる形式では，チャンバーは薄膜堆積チャンバーのみの一室であるが，インライン式あるいはインターバック式などといわれる大型装置に

3.3 スパッタリング法

おいては，基板を真空に持ち込むためおよび真空から取り出すためのチャンバーが付随される。

排気系は到達真空および放電ガス流量から，その大きさが決められる。

ガス供給系の構成は，使用するガス種およびその流量によるが，一般的には放電ガスとするArガスの導入系に，必要に応じて反応性ガスの導入系を加える。ガス流量は，マスフローコントローラーといわれる流量制御器により制御される。ガス圧力の測定には，隔膜式圧力計を用いる。

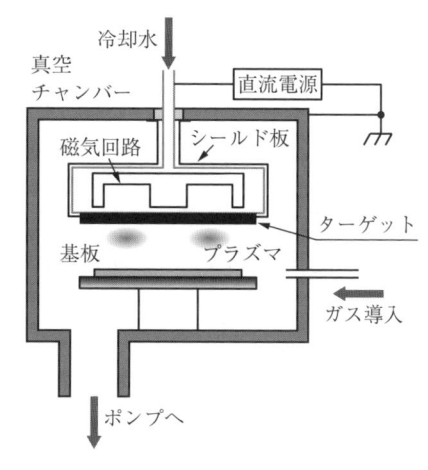

図3.19 スパッタリング装置の構成

カソードには円筒型などが用いられることもあるが，一般的には平板型のカソードが用いられる。ターゲット背部に磁石を配置し，漏れ磁場によりプラズマを閉じ込めるマグネトロン形式を用いることが一般的である。カソードは，四フッ化エチレン樹脂あるいはポリアミド樹脂などを用いてチャンバーと絶縁されている。大型の生産装置では，カソード背面が真空外部になるようにチャンバー壁に設置されるため，エクスターナル（外付け）型といわれる。小型の装置では，真空ポートを利用してカソード全体をチャンバー内部に設置するインターナル型を用いることが多い。薄膜材料であるターゲットはバッキングプレートと呼ばれる，水冷された銅板の上に設置される。酸化物ターゲットを用いる場合には，インジウムはんだを用いてターゲットをバッキングプレートにボンディング（接着）する。金属ターゲットの場合には，ボンディングを行わずに抑え板によりターゲットをバッキングプレートに密着することもある。酸化物などの熱伝導が悪い材料をターゲットとする場合には，プラズマに接する側とバッキングプレートに接する側との温度差，あるいは電力のオン/オフ時の熱衝撃によりターゲットに割れが発生することがある。また，金属ターゲッ

トをボンディングせずに用いた場合には，熱負荷および熱伝導の不均一によりターゲットに反りが発生することがある．

3.3.5 種々のスパッタリング法

工業的に用いられているスパッタリング法を表3.3に示す．イオンビームスパッタリング法のみが，プラズマを用いないスパッタリング法である．スパッタリング法の基本は2極スパッタリング法である．イオンビームスパッタリング法を除く各スパッタリング法は2極スパッタリング法から派生したものである．

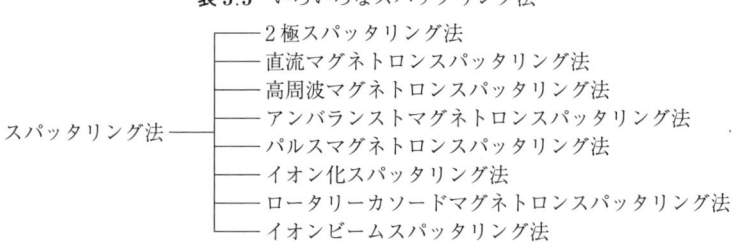

表3.3 いろいろなスパッタリング法

```
                    ┌── 2極スパッタリング法
                    ├── 直流マグネトロンスパッタリング法
                    ├── 高周波マグネトロンスパッタリング法
スパッタリング法 ──┼── アンバランストマグネトロンスパッタリング法
                    ├── パルスマグネトロンスパッタリング法
                    ├── イオン化スパッタリング法
                    ├── ロータリーカソードマグネトロンスパッタリング法
                    └── イオンビームスパッタリング法
```

〔1〕 **直流および高周波2極スパッタリング法**　平板型のカソードをアノードに対向するように設置し，アノード上に基板を配置する方法が2極スパッタリング法であり，スパッタリング法の基本となる方法である．直流2極スパッタリング法においては，放電圧力を数Pa程度とし，数k～10kV程度の負電圧をカソードに印加する．電流密度は $1\,\mathrm{mA/cm^2}$ 程度である[19]．

直流電力に代えて，高周波電力を印加する方法が高周波2極スパッタリング法である．一般には，周波数が13.56MHzの高周波電力が用いられる．高周波電力を用いることにより，直流電力では放電を維持することができない絶縁物ターゲットにおいても放電を維持できるようになる．高周波電源回路と負荷となるカソード回路の整合を調整する回路を電源とカソードの間に設置する．金属材料などの導電性材料をターゲットとして，高周波スパッタリングを行う場合には，ターゲットに自己バイアス電圧が発生するように，ブロッキングコ

ンデンサを電源とカソード間に設置する。

　高周波放電におけるスパッタリングの発生は，カソードにおける自己バイアス電位の形成による．高周波放電においては，電子は電場の切り替わりに応答することができるが，質量の大きなガスイオンは電場の切り替わりに応答することができない．これにより，高周波電力が印加されているターゲット表面への，放電ガスイオンの流れ込みが電子の流れ込みに対して小さくなり，この差を補償するためにターゲットに負の自己バイアス電位が発生する．この負の自己バイアス電位により，イオンがつねにターゲット表面に流れ込むようになり，スパッタリングが発生する．

　2極直流スパッタリング法には
- 放電を維持するために高いカソード印加電圧と放電圧力を必要とする
- カソードとアノード間を狭くする必要あり，また，その配置にも自由度がない
- 薄膜堆積速度が遅い
- 放電の安定性や膜厚の均一性に欠ける
- カソード電圧が高いために多くの2次電子が発生し，かつそれがターゲットに向かって大きな電位差により加速され，基板および薄膜にダメージを与える

などの欠点がある．さらに，2極高周波スパッタリング法では
- 自己バイアス電位が電極の面積，位置，および形状に大きく依存し，安定した放電を維持することが難しい

という欠点がある．これら2極スパッタリング法の欠点は，特に工業的応用において大きなデメリットであり，現在ではつぎに述べるマグネトロンスパッタリング法が工業的応用の主流となっている．

〔2〕 **直流および高周波マグネトロンスパッタリング法**　　直流マグネトロンスパッタリング法は，2極スパッタリング法においてバッキングプレート背面に二重リング状に磁気回路を設置したマグネトロンカソードを用いるスパッタリング方法である．ターゲット上の漏れ磁場と直交する電場により電子はサ

イクロトロン運動をしながら，ターゲット近傍に閉じ込められ，安定した高密度プラズマを形成する。マグネトロンカソードの概要を図3.20に，工業的に用いられるマグネトロンカソードの外観を図3.21に示す。

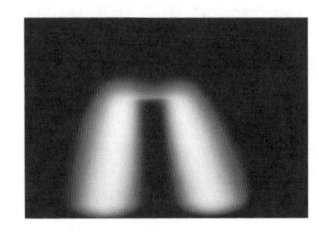

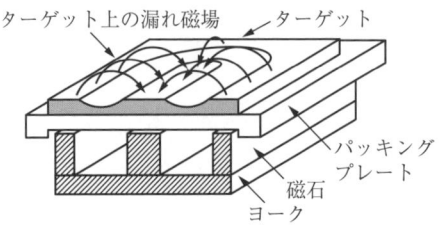

図3.20 平板型マグネトロンカソード模式図と放電の様子

図3.21 工業的に用いられる大型平板型マグネトロンカソードの外観（VON ARDENNE Anlagentechnik GmbH 技術資料より）

マグネトロンスパッタリング法は，マグネトロンによるプラズマ閉込め効果により，1 Pa 以下の圧力において数百～1 kV 程度の印加電圧で，20～240 mA/cm^2 程度の高い電流密度の放電を行うことができる[20]という特徴とともに，放電の安定性が基板の位置などに影響されないという特徴を持つ。マグネトロンスパッタリング法の欠点は，磁場によるプラズマ閉込め効果により，エロージョンといわれるターゲットの浸食形状がレーストラック状になり，ターゲットの使用効率が低いこと，基板を静止した場合にはエロージョンに対向する部分と，その周辺部分において薄膜の物性が異なってくることである。

しかしながら，マグネトロンスパッタリング法の薄膜堆積速度が大きい，プロセスの安定性に優れる，薄膜物性に優れるなどの特徴は工業的に大きな利点であり，現在の工業的方法の主流となっている。

高周波マグネトロンスパッタリング法は，直流マグネトロンスパッタリング法に用いるカソードに高周波電力を印加するスパッタリング法である。2極高

周波スパッタリング法と同様に，導電性のないターゲットを用いたスパッタリングを可能とする．実験室規模においては，高周波電力のカソードへの印加に大きな問題はないが，工業的に大型のカソードを用いる場合には，大電力の高周波電力が漏れて装置の制御系などに影響を与えないようにするなどの配慮が必要となってくる．

〔3〕 **アンバランストマグネトロンスパッタリング法** アンバランストマグネトロンスパッタリング法とは，マグネトロンカソードにおいて，外部のリングを構成する磁石と内部のリングを構成する磁石により発生する磁力による磁束密度の和を異なるものとし，一般的なバランス型磁気回路のターゲット上において閉じている磁場をカソード前面から開いた形とする磁気回路を用いるスパッタリング法である[21],[22]†．

磁力線がターゲット前面から大きく広がるので，電子は磁力線の広がりに沿って，サイクロトロン運動をしながら広がっていく．これにより，プラズマが基板近傍まで広がった形になる．基板近傍にまでプラズマが広がることにより，基板に自己バイアスが発生するとともに，基板近傍でのイオン密度が高くなり，基板に入射するイオンの数とエネルギーがともに増し，イオン照射効果により膜質が向上するとされている．非平衡磁気回路を構成する方法として，カソード裏面の磁気回路のみを用いるのではなく，隣接あるいは相対するカソードの磁気回路全体として非平衡磁気回路を構成し，プラズマを基板近傍に広げる方法も用いられている．

〔4〕 **パルスマグネトロンスパッタリング法** パルスマグネトロンスパッタリング法は，パルス電力をカソード印加電力に用いるスパッタリング法である．単一カソードにパルス電力を印加する方法（シングルカソードパルススパッタリング法）と2個のカソードを1対として，それぞれのカソードに交互に矩形パルス電力，あるいは正弦波形の電力を印加する方法（デュアルカソー

---

† バランス型磁気回路では，内部リングを構成する磁石と外部リングを構成する磁場の強さの和が等しくなるように磁気回路を設計し，磁力線がターゲット前面において閉じる形としている．

ドパルススパッタリング法）がある[23]。カソード構造は，マグネトロンスパッタリング法あるいはアンバランストマグネトロンスパッタリング法に使われるものと同様である。

パルススパッタリング法は，当初，金属ターゲットを用いて化合物薄膜を堆積する反応性スパッタリング法において，ターゲット表面への電荷蓄積による異常放電を防ぐ目的で開発され，その後に大面積化合物薄膜スパッタリング，特にインジウム-スズ酸化物透明導電膜堆積におけるアノード消失あるいはアノードの電気的不均一を抑制するための方法としてデュアルカソードパルススパッタリング法が開発された。この方法は，パルス放電を用いるのではなく，交互の矩形あるいは正弦波形を用いるので，ミッドフレクエンシー（MF）あるいは交流（AC）スパッタリングといわれている[23], [24]。例えば，6～8本という複数の大型カソードを用いる大面積スパッタリング法において，3対あるいは4対のカソードペアに対して交互に正負の電圧を持つ電力を印加することにより，どの位置にあるカソード対においても安定な放電を保つことができるようにする。大型カソードを用いた AC あるいは MF スパッタリング法においては，膜厚の均一性を確保するために，基板を移動あるいは揺動させながら薄膜を堆積していく。

パルス放電に用いられる周波数は，数十～数百 kHz である。パルス放電は直流放電であり，イオンが電界の変化に応答できる周波数が使われる。周波数が低いと，電荷の蓄積と放出の間に放電が起こらない時間帯が生じ，薄膜堆積の効率が低くなる。また，周波数が高いとイオンが電界の変化に追随できず，高周波的な放電となる。

パルス電源は直流電源に比較して高価であり，さらに放電をパルス化することにより，薄膜堆積速度が低下するが，放電が不安定となりやすい大面積化合物薄膜へのスパッタリング法の工業的応用においては，パルススパッタリング法を用いることにより放電を安定にすることが有利となる。インジウム-スズ酸化物薄膜堆積のように放電が不安定となりやすい場合においては，現在パルススパッタリング法は必須となっている。

〔5〕 **ロータリーカソードマグネトロンスパッタリング法**　ロータリーカソードマグネトロンスパッタリング法は，平板型のカソードに代えて回転円筒型のカソードを用いる方法である[25]。カソードはエンドブロックと呼ばれるカソード回転，水冷，および電力印加機構を持つ保持部により保持される。カソードの長さが短い場合には片持ちも可能であるが，大型装置ではカソードの長さが3mを超えることもあり，両持ちとしたエンドブロックでカソードを保持する。マグネトロンは円筒の中に配置され，マグネトロン前面にプラズマが形成される。ターゲットを保持する円筒部は，毎分10回程度の回転数で回転する。ロータリーマグネトロンカソードの断面模式図を**図3.22**に，工業用ロータリーマグネトロンスパッタリングカソードの外観を**図3.23**に示す。

図3.22　ロータリーマグネトロンカソードの断面模式図

図3.23　工業用ロータリーマグネトロンスパッタリングカソードの外観写真（VON ARDENNE Anlagentechnik GmbH 技術資料より）

ロータリーマグネトロンカソードを使うメリットは二つある。一つめは，化合物薄膜堆積における異常放電の抑制である。平板型カソードを用いた化合物薄膜堆積において，非エロージョン部に導電性のない化合物が形成されることがある。この導電性がない化合物堆積部に電荷が蓄積し，この電荷がエロージョン部あるいは周辺部に対して絶縁破壊を起こし，異常放電を誘発する。ロータリーカソードにおいては，非エロージョン部とエロージョン部の境界が両端部を除いては存在しないので，ターゲット中央における絶縁破壊による異

常放電の発生頻度を抑えることができる。二つめは，ターゲット使用効率の向上である。平板型マグネトロンスパッタリング法においては，ターゲットの使用効率は40％程度であるが，ロータリーマグネトロンカソードにおいては85〜90％となる[26]。

ロータリーマグネトロンスパッタリング法の最も大きな一つめの短所は，ターゲットの作りにくさ，およびそれに伴うターゲットコストである。金属ターゲットの場合には，筒状の高純度金属をそのままターゲットとして用いることができるが，酸化物あるいは窒化物などの金属化合物ターゲットはプラズマ溶射などの方法で作られる。コストの高さに加えて，ターゲットの密度を大きくできないことなども短所である。

二つめの短所はカソード回転および保持機構の複雑さである。回転するカソードをチャンバーから絶縁すると同時に，冷却水を導入する必要があり，回転機構すなわちエンドブロックの機構が複雑となる。工業的応用においては，当然カソード回転機構に信頼性が求められる。ロータリーマグネトロンカソード法が，工業的にも用いられるようになった理由には，回転機構の信頼性向上がある。

〔6〕 **イオンビームスパッタリング法** ターゲットに入射する高エネルギー粒子としてイオンビームを用いる方法がイオンビームスパッタリング法である。イオンビーム源としては，バケットタイプのイオン源を使う。Ar^+イオンをイオンビームとして用いることが多い。イオンビームスパッタリング法においては，ターゲット前面においてプラズマを維持する必要がなく，薄膜堆積チャンバーの圧力を低く保つことができるために，イオンビームによりスパッタリングされた粒子がエネルギーを失うことなく基板に到達する。そのために，密度の高い，良質の薄膜を形成することができる。さらに，低い圧力における薄膜堆積過程であるために，イオンビームを薄膜に照射し，薄膜の密度を高くすることもできる。この方法をデュアルイオンビームスパッタリング法という。イオンビームスパッタリング装置の構成を**図3.24**に示す。

イオンビームスパッタリング法は，小型の装置において，良質の薄膜を堆積

する方法としては秀でた方法である。このスパッタリング法は，高密度薄膜を形成できる方法として，レーザー用光学薄膜の堆積などに用いられているが，その用途は限られている。しかしながら，大面積基板への薄膜堆積への応用が困難である，薄膜堆積速度を大きくできない，イオン源を大きくしていくと装置コストが高くなるなどの欠点がある。

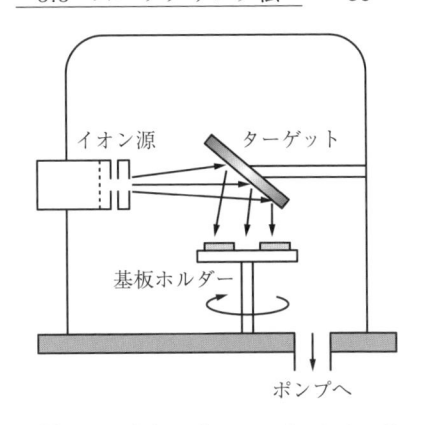

図 3.24 イオンビームスパッタリング装置の構成

3.3.6 反応性スパッタリング法

マグネトロンスパッタリング法，パルススパッタリング法，あるいはロータリーマグネトロンスパッタリング法などにおいて，ターゲットに金属材料を用いて，O_2，N_2，あるいは CH_4 などを反応性ガスとしてチャンバーに導入し，薄膜として金属酸化物，金属窒化物，金属炭化物などを堆積する方法を反応性スパッタリング法という。スパッタリング粒子のエネルギーが高いために，基板を加熱することなく，金属粒子と反応性ガスの化合を起こすことができる。反応性スパッタリングにより堆積される代表的な薄膜としては，TiO_2，Ta_2O_5，SnO_2，TiN，TiC，WC などが挙げられる。安価な金属ターゲットを用いて，工業的に大面積室温基板に化合物薄膜を堆積する方法である。スパッタリング法の特徴を生かした，工業的にニーズの高い化合物薄膜堆積方法である。

反応性スパッタリング法の大きな欠点は，薄膜堆積速度が低いことにある。これは，金属ターゲット表面に化合物層が形成されることにより，スパッタリング率が低下することによる。特に，酸化物の堆積において顕著である†。金

---

† 化合物層からのスパッタリング率が低いことが原因であり，化合物ターゲットを用いる非反応性スパッタリングによる化合物薄膜堆積速度も低い。化合物薄膜，特に酸化物薄膜の堆積速度が低いことはスパッタリング法の大きな弱点である。

属ターゲットを用いる反応性スパッタリングにおいても，化合物層に十分な導電性がない，あるいはアノード（チャンバー壁）に堆積する薄膜に十分な導電性がなく，安定にプラズマを維持できない場合などには，高周波電源放電を用いる。

パルススパッタリング法あるいはロータリーマグネトロンスパッタリング法の開発により，直流2極マグネトロン反応性スパッタリング法における放電の不安定性および薄膜堆積速度の低さを補うことができてきており[27), 28)]，直流放電による大面積・高速反応性スパッタリング法の工業的応用が大きく広がっている。

3.4　ドライエッチング

ドライエッチングは，超大規模半導体集積回路（ultra large scale integrated circuit, ULSI），薄膜トランジスタ（thin film transistor, TFT），微小電気機械システム（micro electro mechanical system, MEMS）などのデバイスの微細加工技術として広く用いられている。

ドライエッチングによる微細加工とは，被加工材料を揮発させ排気除去する方法であり，揮発させる方法には，エネルギーを持った粒子を表面に物理的に衝撃させスパッタリングする手段，化学的な作用で表面反応を生じたすえ，揮発性の物質を生成し排気除去する手段がある。前者の物理作用による方法としてイオンエッチングやイオンビームエッチング，後者の化学作用を含めた方法として反応性イオンエッチングが挙げられる。

3.4.1　イオンエッチング

後述する反応性イオンエッチング法によって，例えばハロゲン化物の揮発性の物質を生成しにくい金や白金，磁性体金属を微細加工する場合に，おもにアルゴンなどの希ガスのプラズマから生成したイオンを主とするエッチングが用いられている。

3.4 ドライエッチング

〔1〕 **プラズマ中の材料表面に入射するイオン** イオンエッチングにおいて，プラズマ中に材料を置くことで，材料表面には，3.3節で説明したバイアス印加によってイオンシースが生成されるので，プラズマ内部からシース端に達したイオンは材料表面に高速で衝突する。導電体材料の加工では直流（DC）バイアスが印加され，絶縁物材料ではチャージアップによってイオンを加速して衝突できないため，ラジオ周波数の高周波（RF）などのバイアスが印加される。イオンシースは圧力が低いほど平均自由行程が長くなるために厚くなり，プラズマ密度が高いほど薄くなる。イオンエッチングは，イオンの衝突によって生じる表面からの離脱物を効率的に排気するために，スパッタリングと同様に，圧力は比較的低く数 Pa で行われる。例えば，Ar ガスでは 2 Pa のときに平均自由行程は約 1 cm である。まず，イオンを加速するプリシース領域での電位差 ϕ_s により，材料表面に入射するイオン速度は，$u_s = \sqrt{-2e\phi_s/m_i}$ となる。ここで，e は電荷素量，m_i はイオンの質量である。この速度は電子温度 T_e の関数であり，ボーム条件（$u_s \geq \sqrt{kT_e/m_i}$）と呼ばれる関係式を満足するために，シース端の密度は自然対数の平方根倍（$\sqrt{2.718...} \fallingdotseq 0.605$）だけ下がっている。したがって，シース内を通過して材料表面に照射されるイオンフラックスは，$0.605 n_0 \sqrt{kT_e/m_i}$ となり，これはボームフラックス（Bohm flux）と呼ばれる。ここで，n_0 はプラズマ密度（イオン密度）である。このフラックスよりイオンの電流密度 J_0 が決定されるが，電流密度は各点で連続であるので，エネルギーも保存されるようにポアソン方程式を解くと，空間電荷制限電流の理論式であるチャイルド・ラングミュア（Child-Langmuir）式も満足することが必要である。

$$J_0 = \frac{4}{9}\varepsilon_0 \sqrt{\frac{2e}{m_i}} \frac{V_0^{3/2}}{d^2} \tag{3.2}$$

ここで，ε_0 は真空の誘電率，V_0 はシースバイアス電圧，d はシース厚に相当する。この関係からシース厚 d は $0.605\lambda_d \, (2V_0/T_e)^{3/4}$ となる。ここで，λ_d はデバイ長さ（debye length）である[29]。先に述べたように，イオンシース中を通過する間に中性のガスと衝突することで，基板に入射するイオンはエネル

ギーと入射角度の均一性を失い，イオンエネルギー分布関数（ion energy distribution function, IEDF）とイオン入射角度分布関数（ion angular distribution function, IADF）で統計分布をもって表される．すなわち，平均自由行程，シース厚，RFバイアス周期に応じて入射イオンのエネルギーと角度が決定される．

〔2〕 **イオンエッチングの反応過程**　イオンエッチングでのターゲットは，スパッタリングにおける原料とは異なり，デバイスなどを構成する材料と考えるために，照射エネルギーは1 keV以下となるようにして損傷が低く抑えられるように設定される．この程度の低い入射エネルギーでは，入射イオンは材料内の原子と衝突し，イオン自体の運動量転化（momentum transfer）をしながら衝突を順次重ねることにより，衝突連鎖が引き起こされる．これを線形コリジョンカスケード（collision cascade，単にカスケードともいう）と呼び，表面にする反跳粒子を生み出し，運動エネルギーが表面結合エネルギーを超えていれば，気相中に離脱し排気除去される．さらに，十分な運動量転化が起きなければコリジョンカスケードの発達は抑えられ，材料表面に入射するイオンは材料の原子に衝突して反跳により後方散乱される粒子によって離脱物を生成させる，単純ノックオンカスケード（knock-on cascade）と呼ばれる過程が支配的になる（**図 3.25**）．

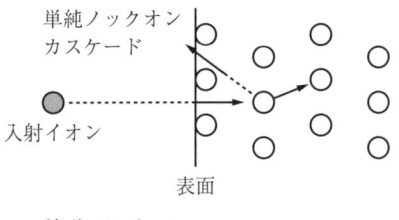

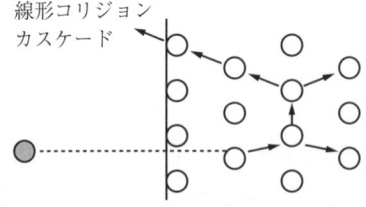

図 3.25 イオンが入射した材料内で発生する衝突連鎖

スパッタリング収率 $S(E)$ は，3.3節で説明したように，1969年にSigmundによって提唱された線形コリジョンカスケード理論によれば，$E<1$ keVの場合には $S(E) = (3/4\pi^2)\alpha T_m/U_0$ と説明される[30]．ここで，α は入射イオン質量 M_1 と材料元素の質量 M_2 比で決まる α 因子，U_0 は表面結合エネルギー，T_m は

$$T_m = \frac{4M_1M_2}{(M_1+M_2)^2}E \qquad (3.3)$$

である。しかしながら，実験値のスパッタリング収率には，入射エネルギーにしきい値 E_{th} が認められる。Bohdansky によって経験則では

$$S(E) = (6.4 \times 10^{-3}) M_2 T_m^{5/3} E^{0.25} \left(1 - \frac{E_{th}}{E}\right)^{3.5} \quad (3.4)$$

と与えられた[31]。ノックオンカスケードにおいても，反跳原子の後方散乱に発達する確率は小さく，材料内部方向へのエネルギー付与が大きいため，スパッタリングされにくいという点を考えなければならない。

さらに，入射角依存性について，垂直入射から大きな角度をもって入射すれば表面の原子の遮蔽効果によって反射されるモードに移行する。この垂直入射（$\theta = 0$）に対する斜入射の収率の比率は，散乱断面積 σ を用いて

$$\frac{S(\theta)}{S(0)} = \frac{\exp\left\{-\sigma\left(\frac{1}{\cos\theta} - 1\right)\right\}}{\cos^f \theta} \quad (3.5)$$

で与えられると提唱されている[31]。ここで，f は入射角度依存性を示す因子である。カスケード連鎖の発展具合により余弦分布の形状に変化が見られる。低エネルギーではアンダー余弦分布となっており，60～70°の入射角度が最も運動量を転化しやすいため収率が極大となっている。このことは，イオンエッチング中にマスクの角部を後退させたり，再スパッタ粒子を反跳により生成することとなる（**図 3.26**）。

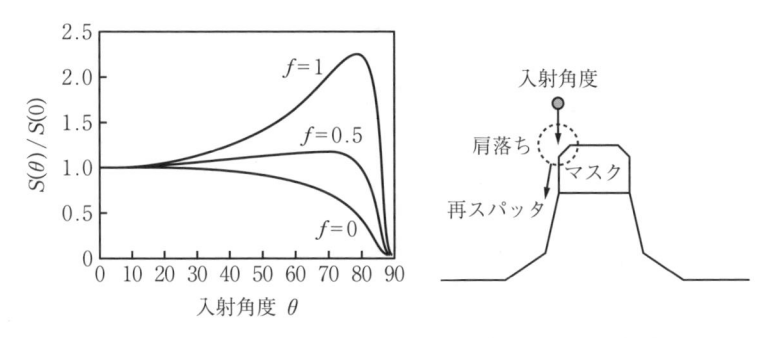

図 3.26 スパッタリング収率の入射角度依存性と加工断面模式図

しかしながら，イオンエッチングではプラズマ中に置かれた材料表面のイオン方向は，自己整合的に生成されるイオンシースによって表面法線方向からの

垂直入射が主になる．一方，イオンビームエッチングでは，入射角度を調整することができるため，多様な形体を有する構造物のエッチングに使用することができる．

3.4.2 イオンビームエッチング

イオンビームエッチングは，プラズマ室を別に設け，プラズマからイオンを引き出して被加工材料に衝撃させ，スパッタリング作用で気相に離脱させて排気除去するものである．イオンエッチングではプラズマに被加工材料が直接接するため，イオンシースが形成されることで，イオンは表面垂直方向から衝撃してスパッタリング作用を及ぼすが，イオンビームエッチングでは試料をイオンビームに対して傾けて設置することができるので，いわゆるイオン斜め入射でエッチングをすることが可能である．

イオンビームエッチング装置は，模式的に示すと図 3.27 のようになっているものが多い．例えば，イオン源となる絶縁物容器にコイルを巻き付けた誘導結合方式で高密度のプラズマを生成する．グリッド状のイオンの引出し電極を設け，イオンが引き出せるようになっている．容器全体のポテンシャルでイオ

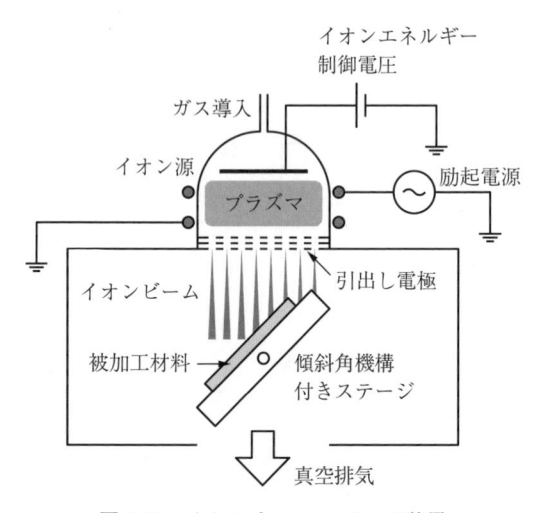

図 3.27 イオンビームエッチング装置

ンのエネルギーを定めることができる。また，イオンエネルギーの分布は狭くすることができる。

3.4.3 反応性イオンエッチング

〔1〕 反応性イオンエッチングの反応過程　　プラズマエッチングのプラズマ中には，高速の電子の反応性ガスへの衝突による電離過程によって生じたイオン，解離過程によって生じたラジカルが存在する。ラジカルは，不対電子を持つ原子や分子あるいはイオンのことを指すが，通常，プラズマプロセスでは電荷を有するイオンと区別して中性で短寿命の中間化学種一般の総称として用いられる。反応性ガスを用いたプラズマ（反応性プラズマ）中には荷電粒子である正，負のイオンとラジカルが存在する。ラジカルは，ガスに比べると非常に化学活性が高い。また，プラズマ中ではイオンの密度に比べて，ラジカルの密度は2桁以上大きく，材料表面で種々の化学反応を引き起こしている。

プラズマ中でラジカルが拡散して材料表面に吸着するとともに，材料表面に生じたシースの電界によって加速されたイオンとの衝突によるエッチングは，反応性プラズマエッチングと称せられている。

反応性プラズマエッチング技術は，1969年に阿部らによって開発が進められ，窒化シリコン膜（Si_3N_4）のエッチングに適用された[32]。ラジカルによるエッチングはウエットエッチングと同様に等方的であるが，加工表面にダメージが少なく，材料間の物性の違いによるエッチング選択性を大きくすることができる。ラジカルのみを用いたエッチングは堀池と柴垣によって発明され，化学的ドライエッチング（chemical dry etching, CDE）と呼ばれ[33]，物理的かつ電気的なダメージがなく，ソフトなエッチングプロセスとして，有機物やSi_3N_4の選択エッチングなどに利用されている。

反応性プラズマエッチングにおいて，材料表面に高周波などを印加して，大きな電場を発生させて，高速のイオンを表面に衝突させるとともに，ラジカルとの相乗作用を積極的に利用するエッチングプロセスを反応性イオンエッチング（reactive ion etching, RIE）と呼ぶ。細川らは，不活性ガスなどをイオン化

させて生成した活性ガスのイオンを高速でターゲットに衝突させて，物理的に材料を弾き飛ばして材料を加工するスパッタリング装置に，ハロゲン系のガスを導入すると，エッチング速度が1桁以上高い加工ができることを見い出し，現在のRIEによる絶縁膜の微細加工技術の基盤を構築した[34]。

また，その後CoburnとWintersによって，Arイオンビーム装置にハロゲンガスとして化学的に不安定なフッ化キセノン（XeF_2）ガスを導入した実験システムにおいて，RIEの基礎反応過程が調べられた。

図3.28にRIEの基礎反応過程を示す[35]。Siの表面にXeF_2ガスを導入すると，XeF_2の結合は弱いため，Si表面で解離吸着してFラジカルまたはF_2という活性種が発生する。この活性種がSiと化学反応を起こしてSiF_4が形成される。SiF_4の沸点は-95.5℃であるため真空中で離脱して，Si表面がエッチングされる。その化学的エッチング速度は0.5 nm/min程度と非常に小さい。

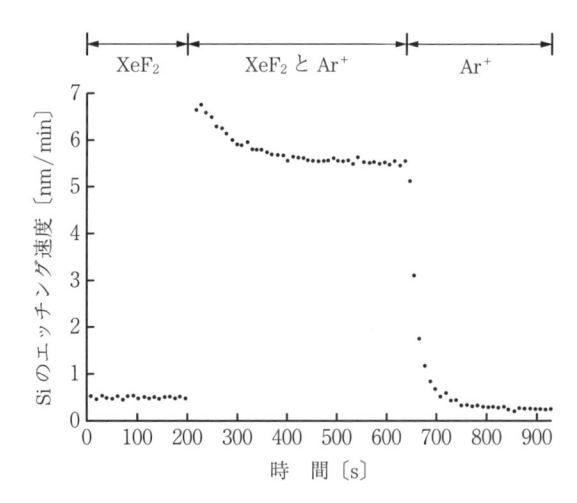

図3.28 XeF_2，XeF_2とAr^+，Ar^+を導入したときのSiのエッチング速度の変化
(Reprinted with permission from J. Appl. Phys., **50**, 3189. Copyright 1979, American Institute of Physics)

つぎに，Arイオンを加速してXeF_2と同時にSi表面に衝突させると，そのエッチング速度は，XeF_2のみを導入したときと比べて1桁近く増加する。す

なわち，高速のArイオンによる物理的なスパッタリング効果と，FあるいはF$_2$による化学的効果との相乗反応によって，Siのエッチングを劇的に増加することが見い出された．一方，高速のArイオンのみをSi表面に衝突させた場合は，スパッタリングによる物理的作用でSiがエッチングされるが，XeF$_2$ガスのみを導入して得られるエッチング速度よりもさらに小さい．すなわち，Siのエッチング反応は，高速のArイオンの入射フラックス（密度とエネルギー）とSi表面に吸着する活性種（FまたはF$_2$）のフラックスによって決定されることがわかる．

ここで，XeF$_2$の解離吸着によって進行する化学的反応は，前述のCDEに相当する．また，高速のArイオンとXeF$_2$との相互作用で高速にエッチングする現象がRIEである．その微視的な反応機構は，Arイオンのエネルギーが高い場合には電子ストッピングパワーにより減速されるが，低くなると核間衝突により周囲の核に運動量を転化したコリジョンカスケードを発生させる．これにより物理的スパッタリングでは反跳原子を発生させてエッチングが生じる．ここでは，吸着したXeF$_2$，FあるいはF$_2$の活性種がArイオンのコリジョンカスケードによってSiとの化学反応が促進する過程と，イオンによって生じた欠陥と活性種が反応する過程が同時に生じて，基板表面および内部にSiF$_2$およびSiF$_4$を形成しながら，熱的およびカスケードによって運動エネルギーを有して離脱する過程が生じる．このような基礎反応過程が，反応性プラズマプロセスの骨格をなす．実際のRIEにおいては，プラズマから発生した紫外および真空紫外領域の高いエネルギーを有したフォトンも作用している．これらの基礎反応過程を基にして，半導体，絶縁膜，金属などに対するRIEによる微細加工技術が開発されてきた．

〔2〕 **反応性イオンエッチングによる異方性加工**　微細パターンを加工するためには，基板にバイアスを印加させて，被エッチング材料に対して，しきい値以上のエネルギーでイオンを加速させることが必要である．このときに，ラジカルは等方的にパターンの側壁および底部に入射するため，化学的な反応性が高いラジカルの存在下では，マスクパターンの下部までエッチングが進む

アンダーカットが生じ，精密な微細パターン形成をすることが難しくなる。RIE では，マスクパターンに垂直な形状が容易に得られる。これは，イオン衝撃によってマスクパターンから反応生成物が生じ，エッチングパターンの内部に導入して反応する。パターン側壁で反応して形成された極薄膜はラジカルからの反応を抑止する（側壁保護膜）。一方，パターン底部で形成された膜は，高速のイオン衝撃でエッチングされる。反応生成物はマスクから生成されるだけでなく，被エッチング材料からの離脱した反応生成物も側壁保護膜として作用する。

図 3.29 に側壁保護膜効果による異方性エッチング発現のスキームを示す。例えば，Si の微細なパターン形成には，塩素（Cl_2）ガスを主として用いて RIE が行われるが，そこに少量の酸素ガス（O_2）を添加することにより，垂直形状を得ることができる。これは，エッチング反応生成物（$SiCl_2$ もしくは $SiCl_4$）が酸素ラジカル（O）と反応することで側壁に $SiOCl_x$ の保護膜を形成し，エッチング活性種である塩素ラジカル（Cl）からの横方向のエッチング（サイドエッチング）を抑制していることに起因する。

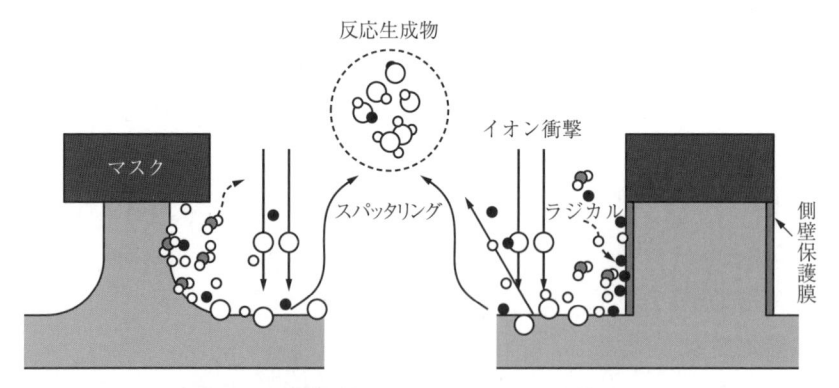

図3.29 側壁保護膜効果による異方性エッチング発現のスキーム

図 3.30 に水素および窒素の混合ガス（H_2/N_2）の RIE によって形成された有機薄膜パターンに形成された側壁保護膜を示す。これより，1 nm 程度の極薄膜（CN）が窒素ラジカル（N）と有機膜との反応によってパターン側壁に

3.4 ドライエッチング

側壁保護膜

図3.30 有機膜の RIE 後に，パターンの断面方向から水素ラジカルでパターン内部の有機膜をエッチングしたときに残る側壁保護膜（極薄の CN 層）

形成され，水素ラジカル（H）からのサイドエッチングを抑制していることがわかる。これらの保護膜の厚さは，外部から積極的に保護膜を形成する堆積性のガスを導入することや基板温度を変化させることで，制御することができる。保護膜が厚くなると逆にテーパー形状のパターンが得られる。

RIE が実用化された最大の要因は，3.4.3項〔1〕で述べたように，高速なエッチングができると同時に，側壁保護膜により異方性を実現できることに起因している。

〔3〕 **反応性イオンエッチングによる高アスペクト比加工**　図3.31に高密度プラズマを用いた酸化シリコン（SiO_2）と下地シリコン（Si），あるいはシリコン窒化膜（SiN_x）との選択エッチングのパターン形状を示す。

フルオロカーボン系ガス（例えば，環状型の C_4F_8 と Ar との混合ガス）の RIE によって，10以上の高アスペクト比（縦/横寸法比）を高速（500 nm/min）かつマスクである有機膜あるいは下地に対して高いエッチング選択比（10以上）で加工するプロセスが実現されている。このような高アスペクト比

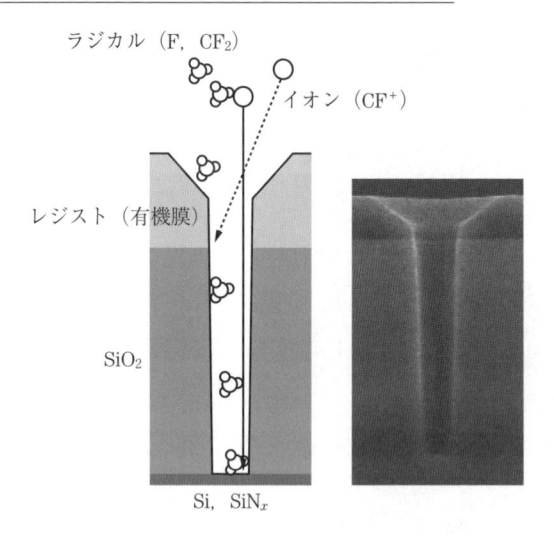

図 3.31 フルオロカーボンガスの RIE で高アスペクト比の SiO_2 膜パターンを下地の Si および SiN_x 膜に対して選択エッチングするスキーム

の高速加工には，① ラジカルの密度，イオンの密度とそのエネルギーを増加させてエッチング速度を大きくすることと，② 斜め方向のイオンを少なくするために，イオンエネルギー分布を狭くし，イオンエネルギーの入射角度を垂直にすることが必要になる．

① は，平行平板型のプラズマエッチング装置において，入力電力を上げることや印加する周波数を 13.56 MHz から 60 MHz に増加させることでプラズマ密度を増加させてエッチング活性種（主として CF^+ イオン，F および CF_2 ラジカル）の密度の増加を実現している．一般に励起周波数を n 倍にすればプラズマ密度は n^2 となり，活性種の密度が桁違いで大きくなる．

② は，圧力を低くすることや基板に印加させる周波数を 2 MHz から 13.56 MHz まで増加させることでイオンエネルギー分布の狭帯化を実現している．一般に，高い周波数にするに従ってイオンのエネルギー分布は狭くなる．SiO_2 表面には，主として CF_2 ラジカルによるフルオロカーボンの堆積膜が形成されるが，高速の CF^+ と F との相互作用に加え，SiO_2 膜中の酸素が堆積膜のエッ

チングに寄与することで，膜中の酸素が一酸化炭素（CO）あるいは二酸化炭素やそのフッ化化合物（CO_2, COF_x）を形成して堆積膜を除去すると同時に，SiO_2 中の Si を SiF_2 あるいは SiF_4 として離脱することでエッチングが進行する。

さらに，図のパターンの側壁は，堆積性のラジカル（CF_2）による側壁保護膜が形成されており，斜め方向から入射した高速イオン（CF^+）の衝撃と F ラジカルによるサイドエッチングから側壁を保護しているために，垂直形状が得られる。また，マスク表面および下地材料の Si および SiN_x 表面では，F ラジカルが Si と反応して消耗することで F 密度を減らすと同時に，これらの膜中に酸素が含まれていないために，CF_2 によるフルオロカーボン膜が酸素によって除去されず，選択的に表面にフルオロカーボン膜が成長し，底面でのエッチングを抑止することでエッチング選択性が発現する。

一方，有機レジストのマスク表面近くの側壁は電子によって負に帯電し，側壁や底部ではイオンによって正に帯電するというチャージアップが生じるため，側壁および底部での側壁保護膜効果が小さい場合は，電気的に入射軌道が曲げられたイオン衝撃によって，側壁ではボーイング，底面ではノッチというパターン異常が観測される。

RIE は，被エッチング材料のわずかな組成変化によって，エッチング特性が大きく変化するため，被エッチング材料に合わせてエッチングプラズマ中の活性種のデザインやプロセスおよび装置の開発が必要である[36]。さらに，最近は 1 nm レベル寸法の加工揺らぎの制御が必要となっており，プラズマの中に存在する粒子の密度とそのエネルギーを時空間で完全に制御することが必要になっている[37]。

3.5 イオン注入法

3.5.1 概　　要

イオン注入法は，現代の産業を支える半導体の製造工程においてなくてはならない技術の一つである。この技術は核物理学で使われる加速装置を使った実

験で，エネルギーを持ったイオン照射によって材料表面特性が変わることが確認されたことから始まっている．半導体への注入の場合，不純物濃度に匹敵する注入量は通常 0.0001 at%程度であるので，高エネルギーで低イオン注入量の装置で十分であった．一方，表面改質を目的として金属へイオン注入を行う場合，半導体と同程度の注入量では顕著な物性的変化を起こさない場合が多いため，電源など装置の技術開発が望まれていた．その後，大電流を出力できるイオン源が開発されることにより，金属やセラミックスなどさまざまな材料の特性を変え得るに十分なイオン注入量を得ることができるようになり，1970年代ごろから新材料開発にイオン注入が用いられるようになった[38]〜[40]．

イオン注入法の特長は，任意のイオンを選択することで多種の元素を材料に添加でき，またイオンの加速エネルギーや注入量を任意に設定できることから制御性に優れている点であり，この点が半導体製造技術において役立ってきた．イオン注入におけるイオンの添加領域は一般に注入エネルギーで決まる．

図 3.32 のように，この侵入深さの最大値は投影飛程（プロジェクトレンジ）と呼ばれ，注入イオンの分布はプロジェクトレンジを中心としたガウス分布を形成する．

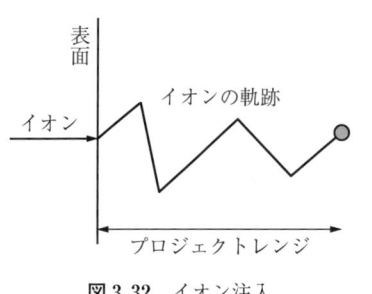

図 3.32 イオン注入

このような形状になるのは，イオンが材料中でエネルギーを失い停止するためで，その過程は非弾性衝突による電子阻止能と弾性衝突による核阻止能による二つの減速効果で説明される．したがって，注入されたイオンのエネルギーは，材料を構成する原子の熱振動を励起させ，原子を格子点から変位させることで消費されるだけなので，熱拡散で予測されるよりかなり深く粒子を添加でき，また熱平衡とは無関係に粒子が添加できるため非熱平衡プロセスといわれている．これらの注入されたイオンが材料中でとどまる位置は Lindhard, Scharff, Schiott らによる LSS 理論[41]によって導くことができ，熱拡散やスパッタリング，チャネリングなどの影響を除けば，J. P. Biersack[42] らが TRIM (transport of ions in matter) として作成したモンテカルロシミュレーションによる計算値が実験値とよく合致した。さらに，その後 Ziegler[43] らによる改良がなされ，現在では固体に対するイオンの飛程をシミュレーションするソフトウェアとして，世界標準ともいえるような SRIM (the stopping and range of ions in matter) として公開されている[44]。このソフトウェアでは基板に跳ね返されるイオンや基板原子のたたき出しなどスパッタリングもシミュレーションできる（詳細については Web ページで公開されているのでそちらを参照されたい）。

このように，イオンの侵入過程では，衝突を繰り返すため多くの欠陥を生じる。イオン注入により打ち込まれたイオンのエネルギー消失が，相手材の電子と原子へのエネルギー授与という形で行われるためで，材料には空孔や点欠陥，格子間原子などを生じさせる。さらに，衝突は2次的な現象も含めカスケード衝突を形成し非晶質化が進行するため，欠陥を回復させる目的でイオン注入後に熱処理を施す場合が多い。ところが，一方でイオン注入によって非晶質化を起こさない材料も存在する。イオン注入における非晶質化の問題については多くの研究がなされ，イオン注入により非晶質化するグループと非晶質化しないグループの境界が材料のどのような特性に起因するかについて，化学結合モデル[45), 46)]や熱スパイクモデル[45), 47)]が提案されている。材料のイオン性を根拠にした化学結合モデルでは，0.6 以上のイオン性結晶であれば構造的な安定性が維持され非晶質化が生じないとしている。また，熱スパイクモデルでは，イオン注入において微小領域での温度上昇と急激な冷却効果が生じることから，材料の融点と結晶化温度が関与すると予測し，結晶化温度と融点の比が 0.27 以下では非晶質化せず，それ以上になると材料が非晶質化するとしている。

また，高エネルギーで注入されたイオンは，化学反応などに左右されずに元素を添加できることになるが，低エネルギーの場合注入されたイオンは表面層に存在するため，やはりそこには化学的作用が存在する。例えば，種々の遷移金属に窒素イオン注入を行った場合，窒化物の生成量は生成自由エネルギーに

依存することが報告されている[48]。

3.5.2 イオン注入理論

イオン注入を行う上での重要なパラメータは，イオンの加速電圧とイオンの注入量である。イオン加速電圧は，電場や磁場によってイオンに与えられたエネルギーで，イオン加速電圧〔kV〕やイオンエネルギー〔keV〕の単位で示される。したがって，電位差 E から成る電極間で加速された電荷 q，質量 m を持つイオンは，電極間を飛び出したのち，速度 v で移動すると，運動エネルギーは $qE=1/2mv^2$〔J〕によって示される。一方，イオン注入量は照射されるイオンの個数として表されることが多いが，イオンが材料に照射された場合，打ち込まれずに反射される反跳イオンもあるため，イオン注入量とイオン照射量を区別する場合もある。慣例では，単位面積当りのイオン個数として〔ions/cm^2〕が単位として使われているが，SI単位系では〔ions/m^2〕である。また，電流密度として表示する場合もあり，〔μA/cm^2〕や〔μA/m^2〕が使用されている。この関係は，単位時間当りの電荷の流れを示す電流の定義に従えば容易に理解でき，電流〔A〕＝電荷〔C〕/時間〔s〕であるので照射イオンを1価（1.6×10^{-19} C）として取り扱えば，ファラデーカップなどで測定した電流密度を価数で除して照射時間を掛ければ，イオンの個数を簡単に計算することができる。

イオン加速電圧とイオン注入量を変えることで，注入試料における表面状態が変化する。すなわち，さまざまな注入条件によりイオンのプロジェクトレンジや表面原子の剝ぎ取り効果であるスパッタリング収率の値が変化するため，イオン注入を行う上でこれらの値をあらかじめ考慮しておくことが重要となる。

数十eV以上のエネルギーを持つイオンビームを固体表面に照射すると，入射イオンは固体構成原子と弾性散乱するか，あるいは電子との相互作用に基づく非弾性散乱を起こす。イオンはこのような影響を受けながら固体内に侵入し，進行方向の変化やエネルギー損失を繰り返しながら，ついにはそのエネ

ギーを使い果たして停止するか,または背面散乱を起こし固体表面から出ていく。このように固体内に侵入したイオンは照射時のエネルギーが低ければ固体表面付近に,また高ければ表面付近よりさらに深いところに停止する。このイオンの停止位置における表面からの投影飛程,すなわち表面からの深さがプロジェクトレンジ R_p に相当する。プロジェクトレンジを求めるための理論は先に述べたように,1963年にLindhardらによってLSS理論として確立されており,ここではその概略について説明する。

まず,入射イオン M_1 と固体原子 M_2 の2体衝突を考える。重心系における2体衝突は入射エネルギー E,散乱角 θ とすれば

$$\Delta E = \frac{4M_1M_2}{(M_1+M_2)^2} E\sin^2\frac{\theta}{2} \tag{3.6}$$

となり,ΔE のエネルギーが衝突によって固体原子に与えられたことになる。

このような弾性衝突をつぎつぎと繰り返し,入射イオンはエネルギーを失う。したがって弾性衝突については,θ がわかればよい。θ はクーロン相互作用に基づく原子間ポテンシャルが与えられれば次式で求められる。

$$\theta = \pi - \int_{r_{\min}}^{\infty} \frac{\frac{1}{r}}{\sqrt{\left(1-\frac{V(r)}{E_r}-\frac{P^2}{r^2}\right)}} dr \tag{3.7}$$

ここで,P は衝突係数,r は最小近接距離,$E_r = M_2 E/(M_1+M_2)$ である。

原子間ポテンシャルは,クーロンポテンシャルに遮蔽関数 $f(r/a)$ を掛けた次式で表される。このとき,a は遮蔽長さである。

$$V(r) = \frac{Z_1 Z_2 e^2}{r} f\left(\frac{r}{a}\right) \tag{3.8}$$

遮蔽関数は多くの研究者によって研究されているが,低エネルギー領域ではBorn-Mayerが,高エネルギー領域ではThomas-Fermi遮蔽関数が適しているといわれている[49]。そこで,実験結果をより正確に記述する一般的なポテンシャルの経験式が1983年にZieglerらによって提案され[50],その遮蔽関数が広く用いられている。式(3.7)で得られた θ の値を式(3.6)に代入し,微分散

乱断面積 $d\sigma/d\Omega$ を掛けて全立体角にわたって積分すると，核阻止能 $S_n(E)$ が得られる．

$$S_n(E) = \int_\Omega \Delta E \left(\frac{d\sigma}{d\Omega}\right) d\Omega \tag{3.9}$$

以上のような弾性衝突に対し，非弾性衝突は軌道電子の電離，励起によるエネルギー損失量によって生じ，電子阻止能 $S_e(E)$ として表現される．電子阻止能は，高エネルギーイオンの場合にはつぎのような Bethe–Bloch の式で記述されたものが用いられる[51]．

$$S_e(E) = \frac{4\pi Z_1^2 Z_2 e^4}{mv^2}\left\{\ln\left(\frac{2mv^2}{I}\right) - \ln(1-\beta^2) - \beta^2\right\} \tag{3.10}$$

ここで，m は電子の質量，I は平均励起エネルギー，$\beta = v/c$（c は光速）である．また，イオンが低エネルギーの場合には，Lindhard らによる次式が実験値と合うことが知られている．

$$\left(\frac{d\varepsilon}{d\rho}\right)_e = -\kappa\sqrt{\varepsilon} \tag{3.11}$$

$$\kappa = \xi_e \frac{0.0793\, Z_1^{1/2} Z_2^{1/2} (M_1+M_2)^{3/2}}{(Z_1^{2/3}+Z_2^{2/3})^{3/4} M_1^{3/2} M_2^{1/2}}, \qquad \xi_e \simeq Z_1^{1/6} \tag{3.12}$$

この領域において $S_e(E) \propto \sqrt{E}$ である．

このようにして求められた核阻止能 $S_n(E)$ と電子阻止能 $S_e(E)$ から，エネルギー E を持ったイオンが停止するまでに要する平均全飛程はつぎのように求められる．

$$R(E) = \int_0^E \frac{dE'}{E\{S_n(E') + S_e(E')\}} \tag{3.13}$$

しかし，イオンと固体原子の衝突現象はランダム現象であるため，あるエネルギーでイオンを注入したときに，すべてのイオンが同一のプロジェクトレンジを持つことはない．このようなランダム現象を取り扱うために先述したモンテカルロ法を使ったシミュレーションが用いられる．当初，最も多用された TRIM では，ターゲット材料をアモルファスと仮定しているため，チャネリングなどは考慮されていない．また，原子間ポテンシャルには以下のような

Molière の遮蔽関数を使っている。

$$f\left(\frac{r}{a}\right) = \left(0.35e^{-\frac{0.3r}{a}} + 0.55e^{-\frac{1.2r}{a}} + 0.10e^{-\frac{6.0r}{a}}\right) \tag{3.14}$$

つぎに，SRIM による計算例として，酸化タングステン（WO_3）に Ne^+ イオ

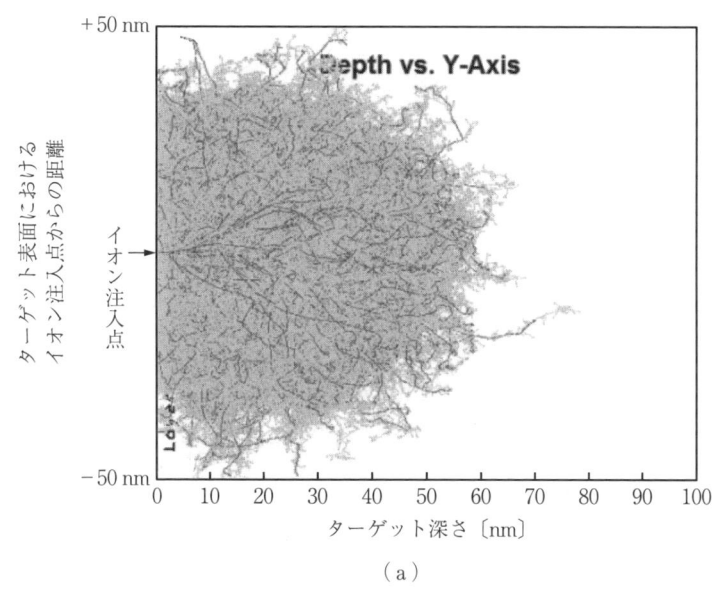

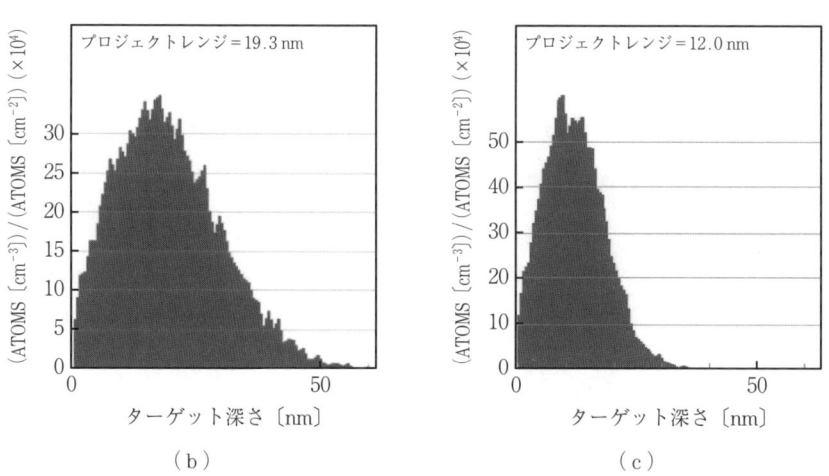

図 3.33 シミュレーション結果

ンと Ar^+ イオンを 10 kV で 10 000 個注入したシミュレーション結果を**図 3.33** に示す.

図(a)は,左方向から右方向に向かって Ne^+ イオンを WO_3 に注入した際のイオンの軌跡を示している.右方向が深さを示し,イオンの深さは最大で 60 nm に達していることがわかり,加速電圧が高くないため上下方向にも Ne は広く分散している.図(b)は Ne が停止した位置の分布を示しており,ガウス分布をした Ne のプロジェクトレンジは 19.3 nm である.横軸をそろえてあるので,図(a)の深さ方向分布が図(b)であると見てよい.イオン種を重い Ar に変えると,図(c)のようにプロジェクトレンジは 12.0 nm となり,かなり浅い位置で Ar は停止することがわかる.また,同時に計算されたスパッタリング収率は Ne^+ イオンの場合,W が 0.367 2,O が 2.92 となり,酸素が選択スパッタされることを示している.Ar^+ イオンでは,この値は W が 0.582 5,O が 4.88 でスパッタリング収率は 2 倍近くになる.

3.5.3 スパッタリング理論

スパッタリング現象については別章で述べているので,ここでは簡単に触れることにする.固体原子はイオンと弾性衝突すると入射イオンから運動エネルギーの一部をもらい受け,そのエネルギーが固体原子の結合エネルギー(金属は 2～25 eV)よりも高い場合には弾き出される.弾き出された原子のエネルギーが高ければ,つぎに衝突した原子も弾き出しカスケード(cascade)が生じる.この現象が表面付近で生じると,固体表面原子が真空中に弾き出されスパッタリングとなる.スパッタリングを定量的に表示する場合には,スパッタリング収率 Y として照射イオン 1 個に対して表面から放出される固体原子の平均個数で表す.単原子の固体についてのスパッタリング理論は,1969 年 Sigmund[52), 53)] によってつぎのような形で把握されるようになった.

$$Y = 0.042 \times \frac{\alpha\left(\frac{M_2}{M_1}\right) S_n(E)}{U_s} \qquad (3.15)$$

ここで，$\alpha(M_2/M_1)$ は固体原子と入射イオンの質量のみで決まる定数，U_s は表面の結合エネルギーである。Sigmund は昇華エネルギーとスパッタリング収率の関係をいち早く考慮し，U_s に昇華エネルギー E_s を用いることを提案した。ただし，式の導入に当たって用いられた仮定に反する場合，例えば重い入射イオンと重い固体原子どうし，結晶性効果などには補正を加える必要がある。1970 年代には，最大スパッタリング収率とその際のエネルギーで規格化したユニバーサルカーブを基に，任意のスパッタリング収率を求める方法なども報告されている[54]。

3.5.4 イオン注入装置

典型的なイオン注入装置は，図 3.34 のようにイオン源，加速器，イオンビーム質量分離器，中性ビーム分離器，ビーム偏向電極，ターゲット室などから構成される。イオン源はイオン化方式の違いで高周波放電や低電圧アーク放電などいくつかの方式に区分けされ，それらを基にフリーマン型やホローカソード型など多種多様のイオン源が開発されている[55]。また，負イオン源も開発されており，その効果が研究されている。

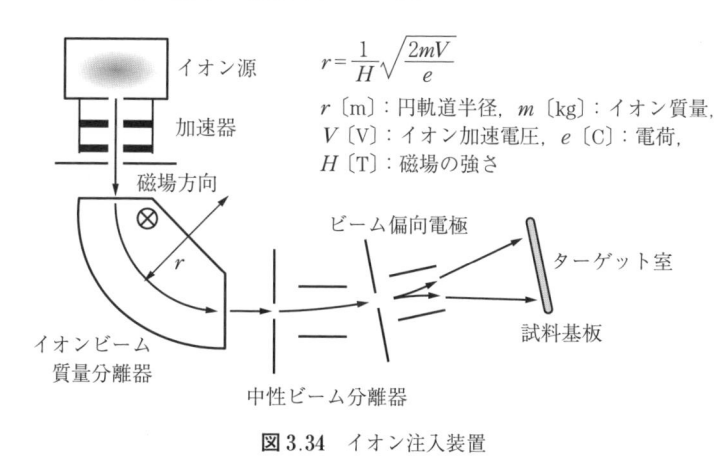

$$r = \frac{1}{H}\sqrt{\frac{2mV}{e}}$$

r 〔m〕：円軌道半径，m 〔kg〕：イオン質量，
V 〔V〕：イオン加速電圧，e 〔C〕：電荷，
H 〔T〕：磁場の強さ

図 3.34 イオン注入装置

一般に，イオン源自体には通常 50 kV 程度までの引出し電極が含まれ，この電圧より高いエネルギーを得るためには，加速器をビームラインに設置する必

要がある。イオンビーム質量分離器は、磁界分離方式が多く用いられており、磁場の中にイオンを通過させ、ローレンツ力により 30 ～ 90 度の角度で曲げることで目的のイオン種のみを分離する。この際には一部中性粒子も排除されることになり、ターゲットに打ち込まれるイオンは高純度でエネルギーも精密に制御される。以上のようなタイプに対し、質量分離器を用いないものを直進型（ビームを曲げるのに対して）として区別することがある。質量分離器を装備するとビームラインは長くなり装置は大型化し、大口径のビームを取り扱うことはできなくなるため工業生産には不向きである。直進型の場合はイオンの質量分離をしないためイオンの純度は劣るが、装置はコンパクトになり、マルチアパーチャー（多孔）電極を備えたイオン源などを用いることで大口径のイオンビームが発生でき大面積処理が行える。したがって、質量分離型は研究開発や金属イオンを用いる場合に、直進型は生産性を重視し、かつイオンがアルゴンや窒素のような場合に用いられることが多い。

また、最近では高電圧のパルス電源が開発されたこともあり、3 次元プロセスであるプラズマイオン注入法（plasma based ion implantation, PBII）などが産業界で使われている。プラズマイオン注入法は、1980 年代のパルス真空アークによる金属イオン、さらにはガスイオン注入が最初といわれている。イオン注入はプラズマ中に設置した基材に負極性のパルス電圧を印加し、基材の周囲に形成されるイオンシース内でイオンを加速し注入する。イオンシースは基材の周囲に形成されるため、3 次元形状のものを処理できることが最大の特徴である。詳しくは 3.7 節で述べる。

3.5.5 イオン注入関連技術

イオン注入法の欠点の一つは、大型の高電圧加速装置を用いても改質領域（注入層）が表面から 1 μm 以下に限られることである。したがって、表面に大きな応力がかかるような製品への適用にはイオン注入効果は発揮されないことが多い。これを補うために従来からある真空蒸着法とイオン注入法を組み合わせ、膜成長させながら継続的あるいは断続的にイオン注入を行う手法が考え

3.5 イオン注入法

られた。この場合，イオンビームはイオンの添加という役割とともに，エネルギー付与という役割を担っている。最初の報告は1970年代初頭 Aisenbergら[56]によってなされている。その後さまざまな研究者により dynamic mixing method[57]，ion and vapor deposition method[58] と称され，さらに研究が盛んになると ion beam enhanced deposition や ion-assisted vapor deposition とも称されているが，最近では IBAD（ion beam assisted deposition）という名称が固定してきたようである。この手法の長所はイオンと蒸着物質のミキシングによる物質の合成，さらには成膜初期における膜と基板とのミキシングによる密着性の向上であり，TiN，AlN，BN などさまざまな物質が作られた。蒸着膜に対するイオン照射膜の密着性の向上は明らかであり，金属膜と金属基板だけでなく金属膜との密着性に劣る高分子基板に対しても効果が認められている。

薄膜形成においてイオンビームを使うおもな理由をまとめるとつぎの二つの効果となる。一つは半導体の不純物注入に代表されるような元素の添加，もう一つは加速イオンによるエネルギー輸送である。前者はイオンビームミキシングやダイナミックイオンミキシングのように反応性元素をイオンとして添加し薄膜を作製する。アシストという意味では，イオンビームに Ar や He などの不活性ガスを用いた後者のエネルギー付与のイメージが強いといえよう。

図 3.35 にイオンビームアシスト法の概念図を示す。膜形成初期段階では加速したイオンにより基板面にたどり着いた蒸着原子が衝撃を受ける。この際，蒸着原子の一部はスパッタにより真空中に放出され，一部はイオンとの弾性衝突によりエネルギーを受け取り，基板中にノックオンされる。基板と薄膜界面には基板原子と蒸着原子の混合層（ミキシング層）が形成される。基板へ侵入した蒸着原子をアンカーとして薄膜が形成される

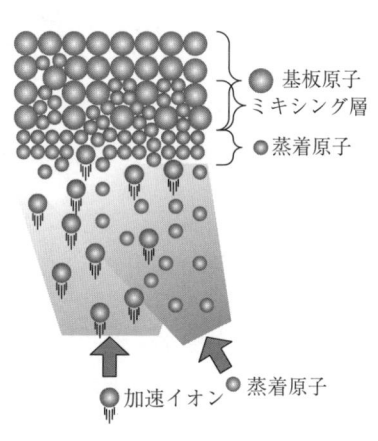

図 3.35 イオンビームアシスト法の概念図

と，基板にくさびを打つような構造となり，薄膜は強い付着力を得ることができる。ミキシング層形成後は，蒸着速度，イオンエネルギーおよび照射量をコントロールすることで目的の薄膜を作製する。イオンに反応性ガスを用いれば当然のことながらイオンも薄膜の構成元素となり，不活性ガスであればイオンは薄膜中に存在しにくく，薄膜は蒸着元素で構成される。

3.5.6 イオン注入の応用

半導体の製造から始まったイオン注入の対象材料は，金属，ガラス，セラミックスから，高分子を含むさまざまな材料に至っている。金属においては，例えば Tsai によって Si への O^{2+} 注入[59]や岩木らによって Fe への Ti^+ 注入[60], [61]が行われ，イオン注入の再現性や制御性の良さが確認されてきた。1980年ごろの表面処理を目的としたイオン注入では，ガスイオンとりわけ窒素イオンを利用したものが多く，Harwell 研究所などで行われて，プラスチックの押出し成形機や射出スクリューなどの長寿命化に貢献した。このようにガス系のイオン，特に窒素イオンなどを用いる研究は，安全性，安価，取扱いが容易であり，改質効果も比較的簡単に得られるため，非常に多くの研究者によって行われてきた。

さらに，処理材の対象は鋼からさまざまな合金に移行してきた。例えば，Yuらはチタン合金 (Ti-47Al-2Nb-2Cr) へ 140 keV（$4 \sim 40 \times 10^{17}$ ions/cm^2）の窒素イオン注入を行ったのち，300℃でアニーリングした試料と，しない試料の耐摩耗性を比べた場合，アニーリングしないほうが優れていることを報告している[62]。

高分子材料へのイオン注入についての研究報告は金属に比べると少ないものの，基材となる高分子材料の開発によってさらに広がりを見せている。高分子材料において，金属をターゲットとした場合と大きく異なる点は，炭素を主骨格とした共有結合から成る構造であることから密度が低く，総じて耐熱性が低いことや絶縁性などである。中でも耐熱性が高い生体用のテフロン（PTFE）を対象としたイオン注入の研究が多く行われている。一方，テフロンにさまざ

まなエネルギーや照射量でアルゴンイオンを照射した場合，その表面形態は大きく変化しテフロンのはっ水性に強く影響する。この場合はイオン注入による物質添加ということではなく，ある種の表面加工であるがイオン照射によって表面特性は大きく変化していることになる[63]。エネルギー付与という面では，生分解性樹脂にイオン注入を行い表面炭化し，その寿命を制御するために極表面での劣化や紫外線防止膜とする試みもなされている[64]。イオンビームを生体材料に用いた研究は窒素を用いた人工関節などの耐摩耗性の改善[65]が最初といわれているが，生体材料に関しては生体と無関係な元素を加えることは極力避けるべきである。そのために，窒素などのガスイオンを用いることは生体への影響を限りなく小さくでき，安全性の面から考えれば不活性ガスやカルシウムイオンなどを使った生体材料への応用は有効な手法であるといえよう。

さらに，環境浄化材料として注目を集めている酸化チタンは紫外光のみに反応する物質であったが，次世代機能材料としてその有用性が認められるとともに，太陽光の大部分を占める可視光を利用しようという試みが盛んに行われている。イオン注入によってクロムやバナジウムを酸化チタンに添加することで，未注入の酸化チタンに比べてクロムイオンを注入したものは3倍，バナジウムイオンを注入すると4倍高い触媒反応を示すことが報告されている[66]。

3.6 CVD

CVDとは，chemical vapor deposition の略で，日本語では「化学気相析出」，「化学気相成長法」，「化学蒸着」などと呼ばれている。「気体の反応により固相を生成する反応」を利用して，その固相を析出させる方法である[67]〜[70]。

身近に見られるろうそくの炎からの煤の析出もCVDと考えることができる。風向きが変わったり，冷たいガラス板を炎に入れたりすることで，ろうの蒸気が不完全燃焼する結果，固相である炭素が煤として析出する。この例からもわかるように，析出プロセスに気相における化学反応が含まれるのがCVDと呼ばれる所以(ゆえん)である。この点で，CVDは単なる蒸着やスパッタリングなどの物

理的な固体の析出法とは明確に区別される。

単なる蒸着では過飽和度が析出の駆動力と考えられるのに対して，CVDでは化学反応により析出が起こるので，反応の自由エネルギー変化 ΔG がこれに相当する．図3.36に ΔG の大小による生成物の形態を示す．ΔG は負の値を取り，図中の"大"の付近でゼロに近づく．すなわち，駆動力が大きいことは ΔG が小さいことに相当するので，十分な反応速度が得られる温度範囲では，ΔG が小さい場合には微粉体，大きくなる（ゼロに近づく）につれて薄膜，樹枝状を経て単結晶と得られる形態が変化する．

以上のようにCVDではその反応条件により，さまざまな形状の固体を得ることができるが，ドライプロセスにおいては，薄膜の形で基板（基体）表面に固体を析出させることが主となる．

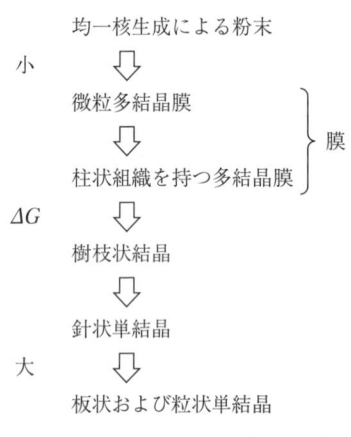

ΔG 小 → 均一核生成による粉末
↓ 微粒多結晶膜
↓ 柱状組織を持つ多結晶膜 ｝膜
↓ 樹枝状結晶
↓ 針状単結晶
ΔG 大 → 板状および粒状単結晶

図3.36　CVD反応の ΔG（駆動力）の大きさと得られる生成物の形態（ΔG は負の値を取り，図中の"大"付近でゼロに近づく）

3.6.1　CVDの具体例

図3.37にCVDの具体例として実験室規模の SnO_2 薄膜の製造装置を示す．装置は原料気体（CVD試薬と反応ガスおよびキャリヤーガス）の供給部と反応部（析出部）に大きく分けることができる．この例では，常温で液体であるCVD試薬 $SnCl_4$ がキャリヤーガスである N_2 ガスのバブリングによって気化され，N_2 ガス流により析出部へと運ばれている．また，別の経路で O_2 ガスを析出部に導入できるようになっている．

析出部は温度を制御された管状の電気炉で，その中心部に基板が置かれている．電気炉で加熱された基板上に供給部より供給された $SnCl_4$ と O_2 の混合気体は基板上で反応し，太陽電池などの透明電極として用いられる SnO_2 を析出させる．さらに，副生成物である Cl_2 ガスは排気の際，液体窒素でトラップさ

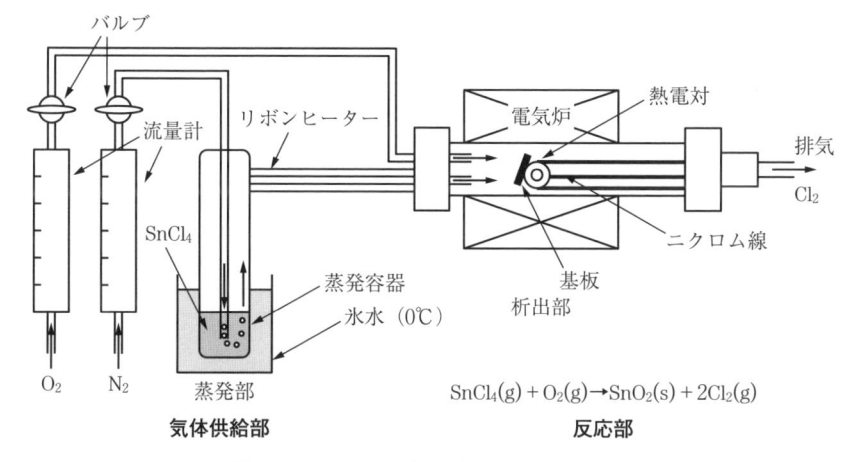

図 3.37 CVD の具体例（SnO$_2$ 薄膜の堆積）

れる。全体の反応を以下に示す。

$$SnCl_4(g) + O_2(g) \rightarrow SnO_2(s) + 2Cl_2(g) \tag{3.16}$$

この CVD は一つの例であり，実際には多種多様な装置，反応が用いられている。すなわち，気体の供給法には，常温における原料（CVD 試薬）の性状（粉体，液体，気体，蒸気圧，安定性）によりいろいろあり，さらに析出部の形状，加熱法，基板の形状と大きさ，内圧なども，CVD 反応および目的とする膜の厚さ，面積によりいろいろある。以下にこれらの詳細を述べる。

3.6.2 CVD 反応と得られる皮膜の種類

表 3.4 に CVD で得られる皮膜の種類を示す。すなわち，硬質膜・保護膜，半導体・半導体関連皮膜，各種機能性皮膜，および多成分を特徴とする高温超伝導体皮膜，メモリー用強誘電体などが CVD の対象物質となる。

さらに，これらを得るための CVD 反応の例を**表** 3.5 に示す。熱分解，酸化，還元，構成元素を含む気体どうしの反応など，多岐にわたる気相反応が利用されている。堆積させる物質の成分元素を含む揮発性の試薬を CVD 試薬と呼び，表中に下線を付して示した。

さらに，CVD による皮膜の析出形態として，単成分から，2 成分以上を含む

3. ドライプロセスによる表面処理と薄膜形成

表 3.4 CVD で得られる皮膜の種類

硬質膜および保護膜	SiO_2, Al_2O_3, Si_3N_4, AlN, TiN, TiC, SiC, ZrC, B, ZrB_2, TiB_2, W, ダイヤモンド, ダイヤモンド状カーボン, c-BN
半導体および半導体関連	Si, SiO_2, Si_3N_4, SiC, W
化合物半導体およびその他の機能性皮膜	InP, Y_2O_3, ZrO_2, ZnO, SnO_2, SiO_2, Fe_2O_3, In_2O_3, TiO_2, $BaTiO_3$, 各種フェライト
超伝導体皮膜	NbC_xN_y, YBCO, Bi 系酸化物超伝導体, Tl 系酸化物超伝導体
メモリー用強誘電体	$Pb(Zr,Ti)O_3$(PZT), $SrBi_2Ta_2O_9$(SBT), $(Ba,Sr)TiO_3$, $Bi_4Ti_3O_{12}$, $BaTi_2O_5$, $(Pb,La)(Zr,Ti)O_3$, $Pb(Sc,Ta)_{1-x}Ti_xO_3$, $Pb(Mg_{1/3}Nb_{2/3})O_3$

表 3.5 CVD 反応の例

$Ni(CO)_4 \rightarrow Ni + 4CO$
$W(CO)_6 \rightarrow W + 6CO$
$SiI_4 \rightarrow Si + 2I_2$
$Zn + 1/2O_2 \rightarrow ZnO$
$SnO + 1/2O_2 \rightarrow SnO_2$
$SnCl_4 + O_2 \rightarrow SnO_2 + 2Cl_2$
$SiCl_4 + 2H_2 \rightarrow Si + 4HCl$
$SiCl_4 + O_2 \rightarrow SiO_2 + 2Cl_2$
$2AlCl_3 + 3CO_2 + 3H_2 \rightarrow Al_2O_3 + 6HCl + 3CO$
$TiCl_4 + CH_4 \rightarrow TiC + 4HCl$
$WF_6 + 3/2Si \rightarrow W + 3/2SiF_4$
$SiH_4 \rightarrow Si + 2H_2$
$SiH_4 + O_2 \rightarrow SiO_2 + 2H_2$
$3SiH_4 + 4NH_3 \rightarrow Si_3N_4 + 12H_2$
$SiH_2Cl_2 + 4/3NH_3 \rightarrow 1/3Si_3N_4 + 2HCl + 2H_2$
$Ga(CH_3)_3 + AsH_3 \rightarrow GaAs + 3CH_4$
$AlR_3 + 3/4O_2 \rightarrow 1/2Al_2O_3 + R'$
$2Al(OR)_3 \rightarrow Al_2O_3 + R'$
$2GeI_2 \rightleftarrows Ge + GeI_4$ (→:低温, ←:高温)
$2SiI_2 \rightleftarrows Si + SiI_4$ (→:低温, ←:高温)

コンポジット, ナノコンポジット膜も得られる. そのほか, 多層コーティング膜や傾斜機能膜の作製にも CVD は用いられる.

3.6.3 CVD の種類

CVD は, 反応を起こさせるためのエネルギーの供給法によって, 熱 CVD, プラズマ CVD, 光 CVD に分けることができる. 熱 CVD では熱活性化過程を経て化学反応を起こさせるので, 比較的高温を必要とする. また, 熱 CVD の一種として, 平衡反応を利用して場所による温度の違いを与えることにより, 気化と析出を行う化学輸送法 (chemical vapor transport, CVT, 例として表 3.5 の下から二つの反応参照) もある.

プラズマ CVD では, CVD 試薬をプラズマ中で一度分解してから, 安定な目的物質へと変換するので, 低温堆積が可能である. プラズマ状態を経るため,

高速粒子による基板および堆積物がダメージを受けることもある。

光CVDでは，電磁波である光をCVD試薬に吸収させ分解を促進させる場合と，基板を加熱するのに用いる場合がある。実際には双方の効果が使われている場合も多い。このCVDでは高速粒子によるダメージもなく，後に述べるMO試薬を用いることにより低温堆積が可能となっている。

特に，光としてレーザーを用いた場合には，効率的にプロセスが進行し，試薬を高濃度に用いることで低温・高速堆積が可能となっている[71]。また，レーザーCVDでは，レーザーをビーム状に当てることで基板上の特定の場所にのみ成膜することも可能である。

さらに，CVD試薬に有機金属錯体を用いた場合を，特にMOCVDと呼んで区別している。また，細い孔(あな)の内部にCVDによる皮膜の堆積を行うCVI (chemical vapor infiltration) と呼ばれる方法もあり，細い孔にCVD試薬を吸い込ませるために，減圧と試薬の導入を繰り返すなどの特殊な工程を必要とすることから，CVDと区別されている[72]。このほか，目的とする部分のみに堆積を行う選択CVDも知られている。選択CVDは，半導体製造プロセスにおけるWF$_6$をCVD試薬としたWの堆積にその例がある。

3.6.4 CVD 装 置

図3.38にCVD試薬の状態による気体の発生法を示す。CVD試薬が常温付近で気体や圧縮液化ガスの場合には図(a)に示すように圧力容器から気体を供給することができる。この場合は，マスフローメーターなどの気体用の流量計により容易に気体の流量（供給量）を調整できる。なお，一般に圧力容器から供給されたCVD試薬はAr，N$_2$などの不活性ガス（N$_2$は窒化の場合などでは反応ガスにもなる）で希釈して用いられる。

CVD試薬が常温付近で揮発性の液体の場合には，図(b)に示すようにN$_2$やArなどの不活性ガス（キャリヤーガス）によるバブリングによって，CVD試薬を気化して不活性ガスとともに供給する。この場合もキャリヤーガスの流量を容易に制御できるので，液状のCVD試薬の温度を一定にしておけば，所

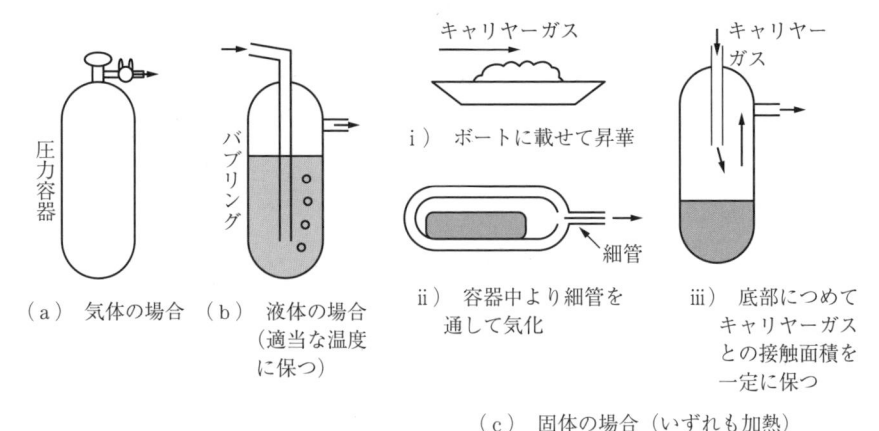

図3.38中の図説明:
(a) 気体の場合　圧力容器
(b) 液体の場合（適当な温度に保つ）　バブリング
(c) 固体の場合（いずれも加熱）
　i) ボートに載せて昇華　キャリヤーガス
　ii) 容器中より細管を通して気化　細管
　iii) 底部につめてキャリヤーガスとの接触面積を一定に保つ　キャリヤーガス

図 3.38　CVD試薬の状態による気体の発生法

定の速度で CVD 試薬を気体として供給できる。

　一定速度における気化が最も難しいのは，CVD 試薬が固体（粉体）の場合である。この場合には固体から昇華させる必要があるが，図（c）-i に示すように，ボートに単に粉体を載せた場合には，昇華中に粉体の充塡形状が変わることをはじめ，突然一部が崩壊することや，充塡密度が変わることなどから，温度を一定にしても一定速度で再現性よく CVD 試薬を気化・供給することは難しい。

　そこで，図（c）-ii のように容器中より細管を通して気化させたり，図（c）-iii のように管内にできるだけ緻密に CVD 試薬を充塡し，上部より均一に気化させることで，キャリヤーガスとの接触面積を一定にして，気化速度の安定を図ることが行われている。最近では，CVD 試薬を溶媒に溶かして液体として溶媒ごと蒸発させたり，ポーラスなアルミナの粒に dpm 錯体などの固体の MO 試薬を担持し，これを加熱することにより供給速度の安定化を図る方法が行われている。

　注意点として，CVD 試薬が常温付近で液体や固体である場合には，気化させた温度が常温より高い場合が多いので，輸送中に試薬が凝縮しやすい。これを避けるため，反応部までの輸送管を適当な温度に加熱しておかなければなら

図3.39にCVD装置析出部の代表例を示す。

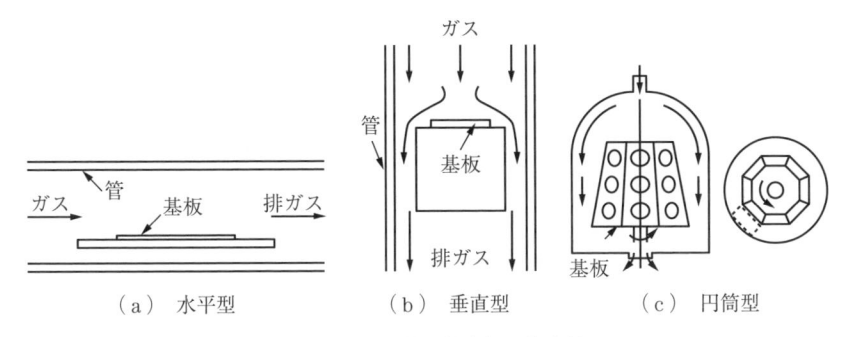

(a) 水平型　　(b) 垂直型　　(c) 円筒型

図3.39 CVD装置析出部の代表例

図（a）は水平に置かれた管内に基板をCVD試薬を含むガスの流れに対して水平に置く形で，実験室規模から工業規模までよく用いられる。また，ガス流に対して基板を45°から垂直に立てる場合もある。図（b）では，ガス流は上部より垂直に与えられ，基板はこれに対向して置かれている。また，この方式では上下を逆にしたものも知られている。図（c）は円筒型で，工場などにおける大量生産でよく見られる形である。この際，基板の載った台（サセプター）を回転させ，成膜の均質化を図っている。これらのうち，どれを選ぶかについては，反応の種類，反応の機構，生産性などを考慮する必要がある。なお，析出部（反応部）の温度は200〜2000℃と広範囲にわたるが，一般には800〜1400℃程度が多く用いられている。また，反応部全体を加熱する場合（ホットウォール型）と基板のみを小型ヒーターで加熱する場合（コールドウォール型）がある。

3.6.5　CVD　試　薬

もし，ある元素が単体またはその化合物の形で気化しないならば，その元素を含む固体を析出させるCVDは成り立たない。そこで，どのような物質がCVD試薬となるかについて以下に述べる。

まず，金属元素または低次金属酸化物（高温で気化）が挙げられる。例として，Zn，および SiO，SnO などがある（表 3.5）。ハロゲン化物，特に塩化物は，比較的低温で気化するため，多くの表面処理に用いられている。欠点として，副生成物として塩素ガス（ハロゲンガス）を生ずるので，これを液体窒素で冷却してトラップするなど，安全に分離する必要がある。

水素化物は常温で気体のものが多く，流量設定が容易であることから，半導体製造に多く用いられているが，不安定で毒性（SiH_4，B_2H_4 など）が強いものが多く，除害設備の設置が義務付けられている。

β-ジケトン錯体をはじめとする有機金属錯体（MO 試薬）は多種類の金属元素から成るものが合成できること，およびこの錯体は常温付近で気化することから，最近になって使用されるようになった（MOCVD）。**表 3.6** に MOCVD 試薬の例を示す。

表 3.6 MOCVD 試薬の例

$Ba(DPM)_2$，$Sr(DPM)_2$，$Ti(i-OC_3H_7)_4$，$Sr(DPM)_2$
$Bi(CH_3)_3$/Solution，$Ta(OC_2H_5)_5$
$Pb(DPM)_2$，$Zr(DPM)_4$，$Zr(t-OC_4H_9)_4$

欠点として有機金属錯体が高価（1g 数万円）であること，加水分解を起こしやすいこと，常温では粉体であることが多く，気化の再現性に問題があることなどがある。MO 試薬の中には引火性で，反応性が高く，毒物または劇物に相当するものも多い。低温成膜では炭素や水素が共析し，気化する温度が低いわりには，成膜温度は 800℃ 程度とそれほど低くならないこともある。

しかし，現在ではほとんどの元素を MO 試薬の形で気体として供給することができるようになっている。この点はたいへん大きな長所なので，多種類の元素を用い，付加価値の高い高温超伝導体や強誘電体メモリー（FeRAM）用強誘電体薄膜[73]の作製にはなくてはならないものとなっている。

3.6.6 基　　　板

熱 CVD 法では基板（処理材）を加熱し，その表面で CVD を行うので，基板

も高温にさらされる。そこで，基板と生成膜との熱膨張係数の違いが問題となる[74]。すなわち，処理後温度を下げた場合に膜と基板との間にひずみが生じ，生成膜の密着性に影響することになる。

他方，高温のため，生成膜と基板との反応が起こる場合もある。このことは，基板と生成膜との部分的な反応により，反応層と生成膜との間に生じるひずみを緩和することから，密着性が向上するという好ましい効果を生んでおり，CVDの高い密着性の理由ともなっている。

しかし，反応が起こり過ぎると，目的の薄膜は得られないことになる。また，まったく反応が起こらなかったり，部分的に起こっても，基板と生成膜との熱膨張係数が大きく違うと，基板との間でひずみが発生し，密着性が低下することにもなる。

低温成膜が可能であるプラズマCVD，光CVD（レーザーCVDを含む）を用いると，基板と生成膜との熱膨張係数が違っていても，大きなひずみは発生せず，さらに基板と生成膜との反応も起こりにくい。

3.6.7 CVD反応のパラメータ

図3.40にCVD反応の過程を模式的に示す。ガス流とともに運ばれてきたCVD試薬は気相反応により基板表面に吸着し，ここで反応して核を形成する。核はある大きさ（臨界核半径）以下の場合は消滅する。臨界核半径以上の大きさの核は，CVD反応により生成物が核の側面に結合すること（ステップ成長）

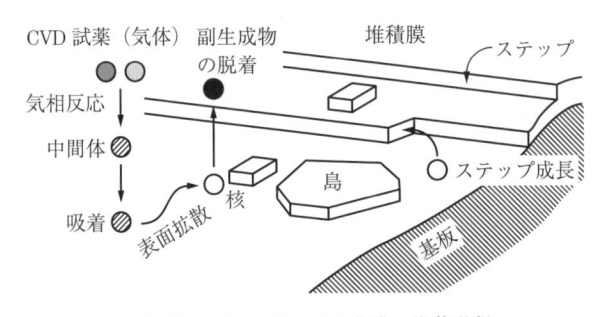

図3.40 CVD反応による薄膜の堆積過程

により横方向へ成長し，島を生成する。この際，副生成物としてガス状物質が生成して系外に排出される。

このようにして複数生成した島は横方向への成長により合体し，薄膜となる。厚さ方向の成長も同時に起こるが，基板表面がすべて生成物で覆われたのちは厚さ方向に成長が起こっていく。

実際には，CVD 試薬が気相で反応して中間体を形成し，これが基板表面に吸着する場合，気相で反応が完結し，ナノサイズの粒子が基板に吸着後，粒子どうしが焼結して，薄膜化する場合などが考えられる。

このような CVD の過程に対して，CVD 反応のパラメータを挙げるとつぎのようになる。すなわち，圧力（全圧），CVD 試薬の流量および濃度（分圧）（キャリヤーガス流量に関連），CVD 試薬の混合比である。さらに，熱 CVD では特に基板および周囲の加熱温度が大きく影響する。

上述の各種パラメータの中で，圧力は気体種の平均自由行程に影響する。圧力が低いほど，平均自由行程は長くなるので広い面積に均一に堆積できる。さらに，気相での反応が起こりにくくなり，基板上での反応により結晶性の高い膜が得られる。

CVD 試薬の流量および濃度，および熱 CVD における加熱温度について考えるために，気体 A と気体 B から C の固体と副生成物である気体 D が生成する場合を考える。

$$A(g) + B(g) \rightarrow C(s) + D(g) \tag{3.17}$$

なお，単純化のため係数はすべて 1 とした。具体的な場合については物理化学の成書を参照されたい。この反応の駆動力に相当する ΔG は，標準生成自由エネルギー $G°$，気体の分圧を P，気体定数を R，絶対温度を T として

$$\Delta G = (G_C° + G_D° + RT \ln P_D) - (G_A° + RT \ln P_A + G_B° + RT \ln P_B) \tag{3.18}$$

ここで

$$\Delta G° = (G_C° + G_D°) - (G_A° + G_B°) \tag{3.19}$$

と置くと

$$\Delta G = \Delta G° + RT \ln(P_D / P_A P_B) \tag{3.20}$$

ここで，P_D/P_AP_B は平衡定数を表しているのではなく，P_A，P_B は供給した CVD 試薬の分圧で CVD 試薬の流量および濃度に相当すること，P_D は副生成物である気体 D の分圧であることに注意しなければならない．なお，P_D は反応が完結していれば P_A か P_B のどちらか一方と等しくなる．

CVD 反応の駆動力に相当する ΔG は，実際に式 (3.20)（反応式が異なれば ln の中は相応して異なる）に値を入れて計算しなければならない．しかしながら，式を見ればわかるように，気体の分圧は ΔG に対して対数的に効いている．さらに，試薬の流量・濃度をある値より多くすることは（例えば分圧を 1 気圧より多くするなど）操作上不可能なので，その範囲は限られる．そこで，一般的には $RT \ln$ の項の影響は $\Delta G°$ に比べて小さいことが多い．この場合には，駆動力は反応の $\Delta G°$ の値に支配され，加熱温度の影響が大きく出ることになる．$\Delta G°$ の値は温度が高いほど大きくなる場合が多い．そこで，温度が高くなるほど，図 3.36 に示したように薄膜，単結晶と得られる形態が変化することになる．

他方，温度が高いほど反応速度は大きくなる．したがって，堆積は温度の上昇とともに反応律速から供給律速へと移行する．反応速度が大きいと気相で反応が完結してしまう．さらに，温度が高いと，基板との反応が起こる．温度の決定はこれらの点をも考慮する必要がある．

以上，CVD 試薬の分圧よりも $\Delta G°$ の影響が大きいことを述べたが，$\Delta G°$ の値によっては CVD 試薬の分圧の効果が認められる場合もないとはいえない．この点は膜の性質を制御したい場合などには検討に値する．加えて，2 種の試薬を反応させる場合，どちらかを過剰とするなどの化学量論についても十分に考慮する必要がある．

3.6.8　CVD 反応と核形成

前節で述べた核形成の過程は，CVD においてたいへん重要な過程である．核ができなければ，成膜はできない．CVD を行っていて成膜がうまく行われていたのに，まったく同じ条件でも，突然に成膜できなくなることがある．

析出部を掃除したり，新品に置き換えたりしてしまうと析出しなくなったり，析出速度に再現性がなくなったりするなどは実際に CVD を行うとよく経験することである．調べてみると，反応が違う場所で起きていたり，反応自体が起こっていなかったりすることもある．配管が詰まったり，外れてしまったりというような初歩的なミスを除けば，上述のことは，核発生に原因がある場合が多い．

理想的な核は，目的とする生成物と同じ成分から成り，ナノサイズの大きさを持つと考えられているが，現実には基板の凹凸が 2 次的な核の働きをしたり，不純物や析出部の壁に付着したナノ粒子が基板表面に降り，核となっている場合も十分に考えられる．何が核として効いているのかを見極めることも重要なことである．

3.6.9 CVD 反応の解析と析出の監視システム

CVD 反応がどのように起こっているかについての情報を得ながら CVD を行うことは，再現性よく皮膜を得るためには不可欠なことである．しかしながら，装置内は活性な CVD 試薬が高温で存在しており，監視システムを組み込むことはセンサーが侵されるなど，困難な場合が多い．このようなことから近年では，気体種の赤外吸収スペクトルの測定や排ガスの分析が行われ，複数の場所における温度測定の結果と合わせて結果を解析し，ただちに CVD 条件の制御にフィードバックできるようになっている装置も製造されている．

これに対して，近年では CVD 反応自体に対する解析も進歩しており，計算によって簡単に結果を予測できるようになっている．シミュレーションソフトが開発され，用いられはじめている．

3.6.10 ま　と　め

以上述べてきたように，CVD は気相の化学反応を利用しているため，原料試薬の取扱いから皮膜の堆積まで，数多くの条件設定が必要とされるプロセスである．しかし，近年では多種にわたる CVD 試薬の開発により，さまざまな

種類の皮膜を作製できるようになった。特に化学反応を用いているため，つきまわり性がよく，堆積速度が早く，密着性が高く，結晶性に優れるという点は，普遍的に CVD の特徴ということができる。

今後は，装置，原料，ランニングコストが安く，比較的簡単で多用性が大きいことを特徴とする従来からの CVD，および高価な CVD 試薬を用い，高度な監視システムと除害設備を設けた，付加価値の高い薄膜の堆積を目的とした CVD の二つの方向性をもって発展していくと思われる。

3.7 プラズマ浸漬イオン注入

イオン注入は真空中で高エネルギーに加速したイオンを固体に照射し，固体中に添加する方法である。3.5 節において記述されているイオン源を用いたビームライン方式によるイオン注入以外にも，プラズマにさらした固体に接地電位に対して 10 ～ 100 kV 程度の負電圧を印加することにより，プラズマ中の正イオンを固体に吸引加速することができる。特に，パルス電圧を繰り返し印加しイオン注入を可能にする方法が Tednys ら[75]および Conrad ら[76]により 1980 年代終わりに開発された。この方法はそれぞれの研究者により図 3.41 に

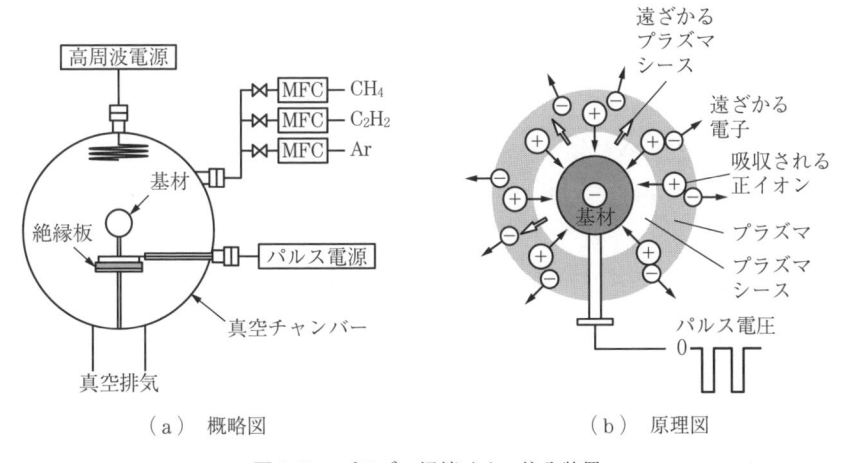

図 3.41 プラズマ浸漬イオン注入装置
（a）概略図　　（b）原理図

示すプラズマ浸漬イオン注入法（plasma immersion ion implantation, PIII, PI^3）およびプラズマソースイオン注入（plasma source ion implantation, PSII）と呼ばれている。

プラズマにさらした固体表面への注入が可能なため，3次元立体物，大面積および多数個同時処理が可能である。この方法は，処理コストが高いため，半導体以外の産業における利用が限定的であったイオン注入表面処理を，多方面の産業においても利用可能にする方法として注目され，世界各国で精力的な研究がなされた[77]。

プラズマ浸漬イオン注入法によるイオン注入時の電流と電圧の関係を**図3.42**に示す[78]。パルス電圧印加と同時にイオン電流が急激に増加し，パルスのごく初期にピークを示したのち電圧が印加されているにもかかわらず電流が低下し，短時間でほとんど流れなくなっている。この現象は，電圧印加に伴いイオンシースが固体から遠ざかるためであり，直流電圧印加ではイオン注入はできないことがわかる。

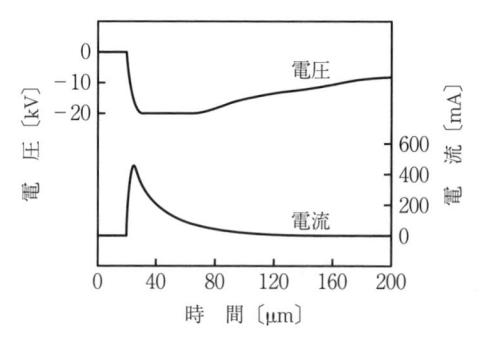

図 3.42 イオン注入時の電流と電圧の変化

したがって，高い効率でイオン注入をするためには，パルス電圧の立上りが早く電流容量が大きいパルス電源が必要であり，最近ではIGBT（insulated gate bipolar transistor）を用いた半導体スイッチ回路が用いられている。

プラズマの励起方法としては，高周波，マイクロ波，直流，熱フィラメント，あるいはこのような外部励起源を用いないで基材に印加した電力によりプラズマを励起する方法もある。また，金属イオン注入用にはアーク放電が用いられている。原料ガスについても，窒素ガスプラズマなど成膜しない原料ガスを用いると，純粋なイオン注入が起こり，アセチレンあるいは芳香族など大きい分子のプラズマを用いると，イオン注入より成膜が優勢となる。メタンガス

3.7 プラズマ浸漬イオン注入

の場合は条件によりイオン注入と成膜を行うことができる。

プラズマ浸漬イオン注入の特徴である立体物基材全面へのイオン注入が可能であることを示した実験結果をつぎに示す。この実験では金属立方体基材各面にシリコンウェーハ片を固定し，窒素ガスの高周波グロー放電プラズマ中で基材に電圧 $-20\,\mathrm{kV}$，周波数 $50\,\mathrm{Hz}$，パルスオン時間 $50\,\mu\mathrm{s}$ のパルス電圧を印加している。オージェ電子分光分析により得られた注入後のシリコンウェーハ表層における窒素の深さ分布を図 3.43 に示す[79]。A-E の各面においてほぼ同じ窒素濃度プロフィールが得られており，立体物全面への注入が可能であることがわかる。また，イオン注入特有の表層内部における濃度のピークが見られる。

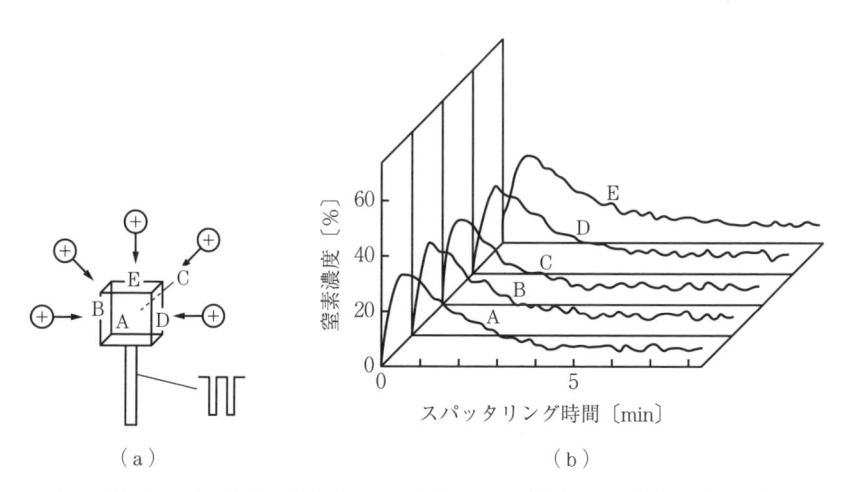

図 3.43 オージェ電子分光分析による窒素イオンを注入した立体物各面における窒素の深さ分布

プラズマ浸漬イオン注入は低コストでイオン注入ができる方法であるが，ビームライン方式と違って以下の限界がある。

① プラズマ中には多価イオン，種々の質量のイオン種があるが，これらがすべて注入される。

② 特定のイオン種についてもエネルギーがさまざまである。

③ 絶縁物基材への注入はできるが，薄板に可能など，形状に制限がある。

これらのことから，半導体用に用いるより低温での金属の窒化あるいは密着

性改善のための表面改質を目的として研究がなされている。例えば，表面特性を目的とした耐摩耗性，耐食性，生体適合性付与などがある。

ステンレス鋼，工具鋼などの金属へのイオン注入表面改質に関する数多くの研究がなされた[80)〜82)]。その中でもオーステナイト系ステンレス鋼への窒素イオン注入に関する研究において，注入することにより各種窒化物が生成すること，耐食性が向上することが確認された。また，メタンガスのイオン注入は，ダイヤモンドライクカーボン（diamond-like carbon, DLC）膜をコーティングする前の密着性付与を目的とした前処理として利用されている。

つぎに，成膜におけるプラズマ浸漬イオン注入の適用について述べる。

プラズマ浸漬イオン注入は単純なイオン注入として用いられるばかりでなく，成膜法である PVD 法あるいは CVD 法と組み合わされたハイブリッド法が検討されている。すなわち，イオンビームアシスト蒸着（ion beam assisted deposition, IBAD）として用いることができる。特に，イオン注入をコーティングのプロセスで用いることは DLC 膜の分野において注目され，イオン注入から成膜までの一連の製造プロセスにおいて利用されている。前述したようにメタンガスプラズマを用いると炭素イオン注入が可能である。

図 3.44 には印加電圧 -20 kV，周波数 100 Hz，パルスオン時間 50 μs を印加することにより，シリコンウェーハにメタンイオンを注入したあとのシリコン基板のオージェ電子分光分析結果を示している[79)]。シリコン基板中に炭素が注入されていることがわかる。その後，アセチレンガスなど成膜速度が速い原料ガスに変えることにより高い密着強度を持つ DLC 膜を作製することができる。DLC 膜は金属に対する密着性に乏しいため，通常成膜の前にチタン，クロムなどの中間層を必要とするが，この方法を用いることにより金属

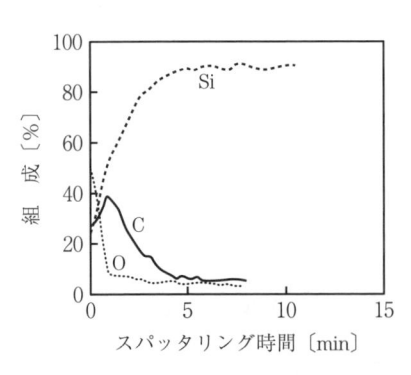

図 3.44 オージェ電子分光分析によるメタンイオンを注入したシリコンウェーハ表層における元素分布

の中間層が不要となる．

プラズマ浸漬イオン注入の IBAD としての利用は，DLC の分野において多く用いられている．PVD 法による DLC 膜は，グラファイトを固体原料とした真空アーク法あるいはマグネトロンスパッタなどで作製することができる．特に，PVD 法では水素を含まない硬質 DLC 膜ができ，このとき，基材に対しパルス電圧を印加することにより，膜中の残留応力の緩和，あるいは基材に対する密着強度付与が期待できる．

CVD 法においては，前述したようにアセチレンガスなど炭化水素を原料として，種々の方法によりプラズマを励起することにより炭化水素高分子膜が生成するが，このとき，基材へのパルス電圧印加により硬質 DLC 膜とすることができる．特に，原料ガスプラズマを真空容器内空間全体に生成させることは容易であるので，CVD 法とのハイブリッドは立体物全面へのコーティングに効果的である．

ビームライン方式の IBAD では，基板に到達する蒸着原子とイオンの粒子比，およびイオンのエネルギーにより生成する薄膜結晶の配向性を制御することができる．プラズマ浸漬イオン注入においても同様なことが期待でき，パルス電圧印加により配向性制御，膜の残留応力低減ができることが示された．

プラズマ浸漬イオン注入では，複雑形状物表面へのイオン注入ができることから，従来不可能であった管内壁面へのイオン注入および薄膜作製法が開発さ

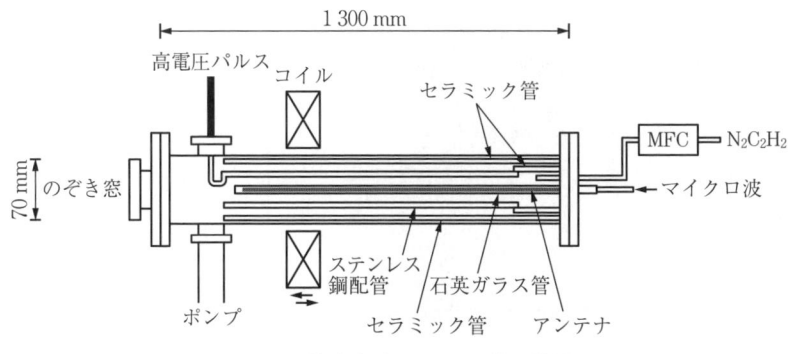

図 3.45 管内壁面へのイオン注入装置

れた[83]。**図 3.45** に概略図を示す.管内に ECR プラズマを発生させ,同時にパルス電圧を印加している.これにより,パルス電圧の印加時に消費したプラズマの生成を,パルス電圧オフ時にできるため,これを繰り返すことにより管内壁へのイオン注入および薄膜作製が可能である.

3.8 プラズマ窒化・浸炭

3.8.1 プラズマ窒化

一般の窒化処理では,鋼の表面より窒素を拡散浸透させる処理で窒化炉を用い,大気圧下のアンモニアガス雰囲気中に窒化用鋼を置き,500～580℃に加熱する.鋼の表面でアンモニアガスが分解し,窒素は窒化物層を作るほか,鋼の内部に拡散浸透する.このとき,窒化用鋼の中に固溶されている Cr や Mo などの窒化物生成元素と,表面より拡散浸透してくる窒素の間で形成する窒化物の析出ひずみ,および窒素と窒化物生成元素間の相互作用によるひずみなどで鋼は硬化する.窒化は,比較的低い温度で行われるので,窒化後の熱処理は必要としない.このため,処理による形状変化が小さい長所がある.

ここでは,このガス窒化法に比べ,種々の異なる特徴を持つプラズマ(イオン)窒化[84]について述べる.

図 3.46 プラズマ(イオン)窒化装置

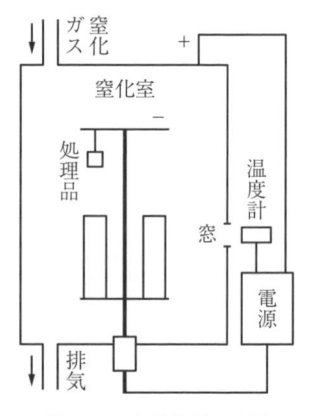

図 3.47 窒化装置の略図

図3.46および図3.47にプラズマ（イオン）窒化装置の写真と窒化装置の説明のための略図を示す．プラズマ窒化では，減圧雰囲気で陽陰極間に発生するグロー放電が使われる．そのため，窒化室は，油回転ポンプ，油拡散ポンプなどの真空ポンプで排気できるようになっている．また，窒化室中に窒素や水素などの窒化用ガスを適量挿入できるようなガス調整挿入部がある．減圧雰囲気でガスをイオン化し窒化処理品と反応させる目的で，処理品を陰極，装置の外壁を陽極とし，その間に，グロー放電を発生させるために，数百ボルトの電圧が印加できる電源設備が必要である．

窒化処理に伴ってアーク放電が発生することがあるので，これを防止するため，最近は，直流電源に代わって，パルス放電を利用し，電圧を処理品に印加することも行われている．プラズマ窒化では，窒化処理は580℃以下の低温で行われるので，一般に，処理品の外部より加熱するためのヒーターを付けず，普通は，グローのみで処理品を加熱する．

プラズマ窒化の雰囲気としては，普通100～1000 Paに減圧された窒素と水素の混合ガス雰囲気が用いられる．処理品を陰極，窒化炉壁を陽極として，

図3.48　淡い蛍光を発するグロー放電　　　図3.49　プラズマ窒化の説明図

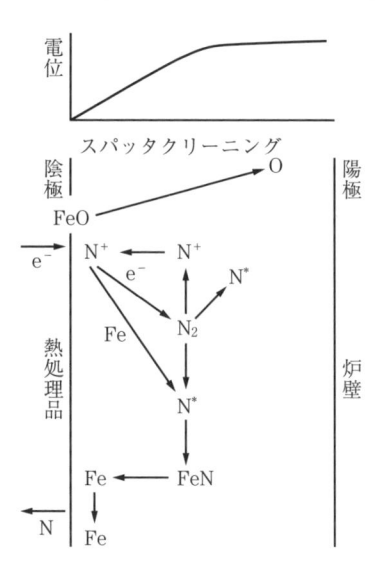

処理品に数百ボルトの直流電圧を印加すると，図3.48のようなグロー放電が生じる。このとき，図3.49のように，陰極より放出される電子は陰極近傍にかかるグロー放電特有の電場[85]により急激に加速される。陰極より放出された電子は窒素や水素と衝突して，窒素イオンや水素イオンなどの種々のガスイオンや窒素ラジカルなどを生成する。イオンは処理品にかかる負の電場により急速に加速され，処理品に衝突し処理品は窒化される。イオンの衝突により，処理品は加熱されるとともに，処理品表面の汚れや薄い酸化層などの原子がスパッタされることにより，表面はクリーニングされる。

また，鋼の表面より窒素が鋼中に入り鋼の内部へ拡散浸透する。窒素は鋼中に固溶されている窒化物形成元素に作用し，ひずみの大きい微細な窒化物やひずみの場を生じる。このひずみにより，鋼は硬化し，大きな圧縮ひずみが窒化表面層に生じる。図3.50（a）〜（e）にプラズマ窒化した鋼のX線回折パターンを示す。CrMo鋼（SCM材）のように窒化物形成元素が少ない場合は，窒素拡散層といわれる窒化硬化層でも，図（b）のように，X線回折では析出物の検出が困難である。ステンレス鋼のように，Crを多量に固溶している場合は，

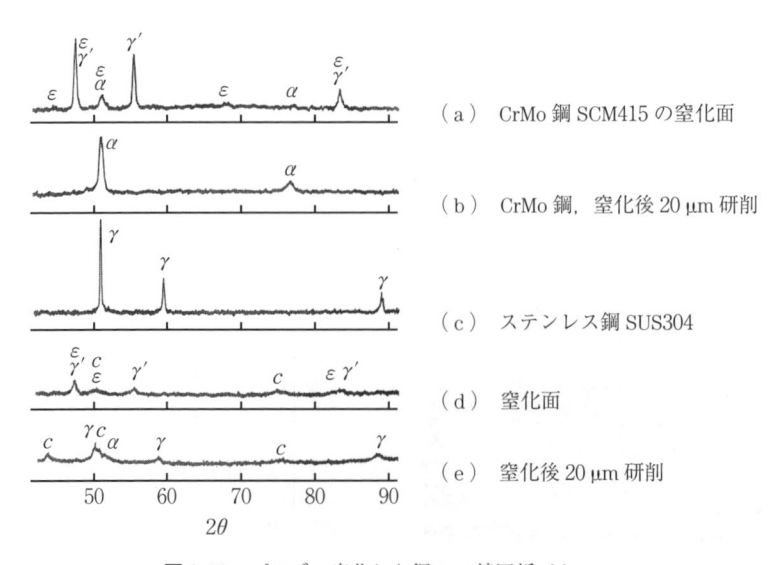

（a）CrMo鋼SCM415の窒化面
（b）CrMo鋼，窒化後20μm研削
（c）ステンレス鋼SUS304
（d）窒化面
（e）窒化後20μm研削

図3.50　プラズマ窒化した鋼のX線回折パターン

図(e)のように，Crの窒化物の存在を示す回折ピークが検出される。

図 3.51(a)～(c)にプラズマ窒化した CrMo 鋼，AlCrMo 鋼およびオーステナイト系ステンレス鋼の光学顕微鏡組織写真を示す。ただし，前二者はナイタルで腐食すると拡散層にコントラストが生じないので，Marble 試薬でごく短時間腐食，後者のステンレス鋼はナイタルで腐食した。図(a)，(b)の表面にある白層は鉄の窒化物層で，その内側にある暗く蝕刻されている層は拡散層といわれ，鋼中への窒素の拡散浸透により生じた硬化層に対応する。

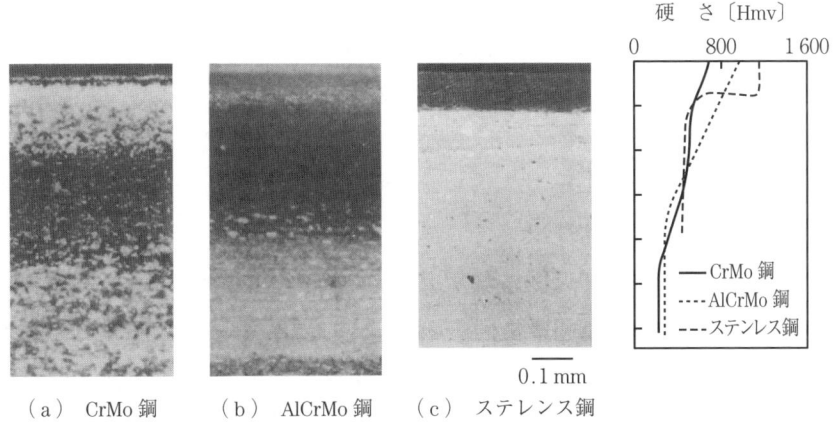

(a) CrMo 鋼　　(b) AlCrMo 鋼　　(c) ステンレス鋼

図 3.51 プラズマ窒化した CrMo 鋼の光学顕微鏡組織写真と硬さ分布曲線
　　　　（腐食液，Marble 試薬。ただし，ステンレス鋼はナイタル）

化合物層といわれる白い表面層はもちろん，この拡散層も，同時に示した硬化曲線の硬化深さと比較するとわかるように高い硬度を有している。ステンレス鋼のように多量の Cr を含む鋼を窒化して透過電子顕微鏡像観察をすると，微細な窒化物が高密度で析出している様子が観察される[86]。

ステンレス鋼中に固溶されている Cr はステンレスの耐食性を向上する要因であるが，拡散相中では Cr は CrN として析出しているので，地には固溶している Cr が減少するため，ステンレス鋼はステンレス固有の耐食性を失う。ただし，ステンレスを 350～400℃という低温でプラズマ窒化すると，表面より拡散浸透した窒素は窒化物を作ることなく，オーステナイト中に多量に固溶され，硬化層は 20 μm 以下と薄いが，ステンレスとしての耐食性を失わずに表

面硬化することができる。

窒化硬化層は摩擦抵抗が小さく，大きな圧縮応力を有するので各種ギヤ，シャフト，クラッチなどの，機械のしゅう動箇所や耐疲労強度の必要な箇所に広く使われている。プラズマ窒化の利点として，窒化時間の短縮，スパッタクリーニングによる表面の清浄化，小さい形状変化，表面に析出する化合物層のコントロールが容易，無公害処理などの長所がある。

また，炉中にヒーターを設け，その助けを借りて，窒化温度近くまで外部より鋼を加熱し，アンモニアガス中でのグロー放電を利用すると，鋼は金属光沢を失わずに窒化できる。この窒化法はラジカル窒化といわれる。ラジカル窒化後，直接コーティングすることもできるので，TiNなどを鋼にイオンプレーティングするときの下地強化のための前処理としても使用されている。

3.8.2 プラズマ浸炭

炭素鋼中の鉄は室温ではフェライトといわれ，体心立方の結晶構造を持つ鉄であるが，高温になると相変態して，オーステナイトといわれる面心立方構造の鉄に変化する。鋼をオーステナイト状態に加熱し，焼入れすると，マルテンサイトといわれる日本刀などの刃物に使われる硬い組織の鉄に変態するが，この組織はもろい欠点がある。そこで，炭素含有量の少ない鋼を用い，その表面より炭素を拡散浸透し，表面より炭素を富化したのちに焼入れすると，内部は焼きが入らないため軟らかく，靭性があり，表面は硬いマルテンサイトより成る耐摩耗性，耐疲労性に富んだ強靭な材料が得られる。鋼の浸炭はこの性質を求めて行われる。

浸炭では，炭素を含む浸炭性の粉末，塩浴，またはガス中に鋼を置き高温に加熱して，鋼の表面より炭素を拡散浸透する。鋼の表面に炭素が付加され，浸炭層が作られる。

プラズマ（イオン）浸炭は，100～2 000 Paに減圧した雰囲気のメタン（CH_4）などを含む炭化水素系の浸炭性ガス中で，処理品を陰極とし，数百ボルトの直流電圧をかけるとき発生するグロー放電を利用して，処理品の表面よ

り炭素を拡散浸透する表面改質法である。

　プラズマ浸炭装置は図3.46に示したプラズマ窒化装置と同様な装置を用いるが，プラズマ窒化と比較し，処理品を950℃前後の高い浸炭温度まで加熱できるように，炉中にヒーターが取り付けられている。処理品を加熱後，処理品を陰極，炉壁や断熱のため設けられた熱の遮断壁を陽極として，メタンやプロパンなどの減圧された炭化水素系ガス雰囲気中で，処理品に数百ボルトの直流電圧を印加すると，グロー放電が発生する。このとき発生する炭素などの正のガスイオンは，グロー放電特有の処理品近傍の強い電界[85]で加速され，負に帯電した処理品に衝突し，処理品を加熱すると同時に，処理品は浸炭される。プラズマ浸炭処理では，浸炭後引き続き炭素の拡散浸透処理を行い，鋼表面のオーステナイト中のカーボンポテンシャル（炭素濃度）を調整し，焼入れ最適温度に冷却保持後，焼入れ処理が行われる。

　浸炭した鋼製歯車の顕微鏡組織写真を**図3.52**[87]に示す。写真は焼入れ以前のプラズマ浸炭したままのものであるが，表面に均一に浸炭されたことを示す厚い浸炭層が観察される。

図3.52 プラズマ浸炭した鋼製歯車

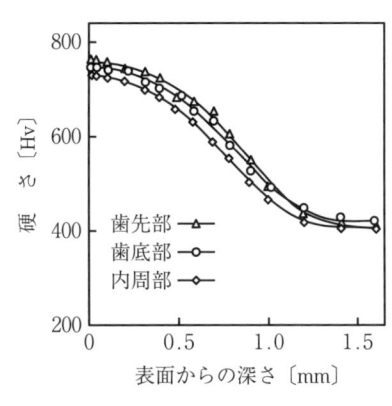

図3.53 プラズマ浸炭した鋼製歯車の硬化曲線

　図3.53はイオン浸炭後，焼入れした鋼製歯車の硬化曲線[87]で，図3.51のイオン窒化の硬化曲線と比べ，鋼の深くまで硬化していることがわかる。

130   3. ドライプロセスによる表面処理と薄膜形成

このように，浸炭処理はイオン窒化に比べ硬化層が厚いので，大きな外力に耐えることができる。外力の加わる耐疲労性，耐摩耗性の必要な箇所に使用される。

図 3.54 は中空陰極（ホローカソード）放電[85]を利用して，歯車をプラズマ浸炭している写真[87]で，歯車は 2 段に設置されている。比較のため，上はホローカソード放電発生用の管状陰極がなく，下はホローカソード放電発生のため歯車の周囲に管状の陰極が取り付けられており，上の歯車に比べ高温に加熱されている様子がわかる。

図 3.54 ホローカソード放電を利用した歯車のプラズマ浸炭

プラズマ（イオン）拡散浸透処理の応用として，窒素系ガスに浸炭系ガス，さらには，硫化水素などのガスを適量混合したりすることにより，浸炭窒化，浸硫窒化などの処理をすることも可能である。

プラズマ窒化や浸炭に共通していえる点は，衝突するイオンにより処理品の表面はスパッタされるので，表面がクリーニングされ，活性状態に保たれるため，ガス窒化や浸炭等に比べ処理時間が短縮される。また，正常な表面が得られ，粒界酸化，その他の異常浸炭や窒化を生じない。プラズマ浸透処理では，イオンの衝突効果などで，比較的低温でもステンレス鋼などに窒化や浸炭ができ，耐食性を失わない 450℃以下の低温でも処理できる。高濃度浸炭も可能になる。真空中において処理品が直接加熱処理されることもあり，省エネルギー，省資源に役立ち，作業環境も良いなどプラズマを利用することによる利点があるが，ガス浸炭などと比べ処理費用が高いのが最大の欠点である。

4. 分析と評価

4.1 膜厚測定

4.1.1 膜厚の定義

膜厚は，一義的に決まるわけではない。測定方法が異なっても，測定結果が一致する場合もあるが，多くの場合は測定方法に依存し，多少の差異がある。一般的な膜厚の定義として，以下の三つがある。

〔1〕 **形状膜厚 – 幾何学的膜厚**　図 4.1 に薄膜の断面図の一例を示す。形状膜厚とは，膜表面と膜，基板界面の平均距離をいう。触針式の表面粗さ計，段差測定器による測定や，電子顕微鏡による断面観察によって求めることができる。

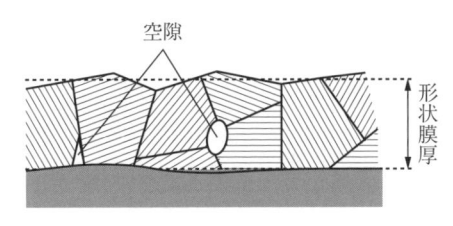

図 4.1 薄膜の断面図

〔2〕 **質量膜厚**　薄膜の質量を m，基板の面積を A，薄膜材料の密度を ρ とすると，質量膜厚 d_m は式 (4.1) で求まる。

$$d_m = \frac{m}{A\rho} \tag{4.1}$$

薄膜の密度がわかっていればその値を使うが，通常は，バルク材料の密度で代替することが多い。図 4.1 に示すような，空隙や表面の凹凸はないものとして膜厚換算を行うことになるため，通常，形状膜厚よりは小さな値となる。

【例題 4.1】

真空蒸着により，ある金属膜（バルク密度 $7.0\,\mathrm{g/cm^3}$）をガラス基板上に形成した．金属膜形成による質量増加を測定したところ，$1.0\,\mathrm{mg}$ であった．基板の大きさは $2.0\,\mathrm{cm}$ 角である．この金属膜の質量膜厚を求めよ．

解答

$$d_m = \frac{1.0 \times 10^{-3}\,[\mathrm{g}]}{2.0 \times 2.0 \times 7.0\,[\mathrm{cm^2 \cdot g \cdot cm^{-3}}]} \fallingdotseq 3.6 \times 10^{-5}\,\mathrm{cm} = 0.36\,\mathrm{\mu m}$$

〔3〕**物性膜厚** 薄膜試料から膜厚に依存する物理的な測定値が得られたとき，バルク材料の物性定数を基にその膜厚を求めることができる．この膜厚を物性膜厚という．例えば，抵抗値と抵抗係数の関係，静電容量と誘電率の関係から膜厚が求まる．

膜厚と抵抗の関係からは，つぎのようにして物性膜厚が求まる．図 4.2 のように，絶縁基板に形成された，長さ L，幅 w，膜厚 t の薄膜の抵抗 R は

$$R = \rho \frac{L}{wt} \tag{4.2}$$

で表される．ここで，ρ は抵抗率（比抵抗）である．ストライプ状の金属薄膜抵抗を作製し，その抵抗を測定すれば，金属薄膜の幅と長さから，バルク金属の比抵抗を用いて膜厚が求まる．内部の空隙や結晶粒界のために，薄膜化した金属の比抵抗は一般にバルク金属よりも大きく，バルク金属の比抵抗から予想されるよりも，実際の膜厚は厚くなる．光学薄膜の場合，反射率や透過率から薄膜の屈折率 n_f と膜厚 d_f の積である $n_f d_f$ が求まることがある．このとき，バルク光学材料の屈折率を n_f に当てはめれば，物性膜厚としての d_f が求まる．

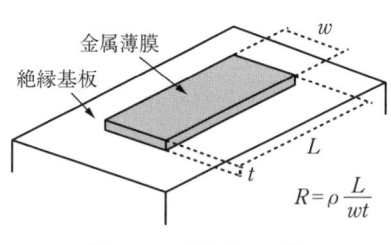

図 4.2 金属薄膜の抵抗

【例題 4.2】

ある金属の薄膜抵抗を作製した．長さ $L = 1.0\,\mathrm{cm}$，幅 $w = 0.10\,\mathrm{mm}$ である．

抵抗値を測定したところ $0.4\,\Omega$ であった。この金属の抵抗率を $2.0\times10^{-8}\,\Omega\cdot m$ とする。薄膜の膜厚を求めよ。

解答

$$t=\frac{\rho L}{wR}=\frac{2.0\times10^{-8}\times1.0\times10^{-2}}{1.0\times10^{-4}\times0.40}=\frac{2.0\times10^{-10}}{4.0\times10^{-5}}=0.50\times10^{-5}\,\mathrm{m}=5.0\,\mu\mathrm{m}$$

どのように膜厚を測定するにしても，何らかの物理現象がそこに介在する。その意味では，すべての測定膜厚は物性膜厚と呼んでよいかもしれない。伝統的分類に従って，質量膜厚を別にしたが，これも物性膜厚である。形状膜厚にしても，測定時の薄膜の変形が無視できるほど小さいという，暗黙の了解に基づいている。けっきょく，絶対的な真の膜厚という物理量は，少なくとも実測値としては存在しないと考えてよい。とはいうものの，薄膜成長の実験を行っている場合，薄膜製品の品質管理を行う場合，どちらも膜厚測定なしにすませることは不可能であろう。できるだけ確からしい膜厚を求めなければならない。そこで，膜厚データを見るときには

① その膜厚がどのような方法・原理で測定されたかを理解すること
② できるかぎり同じ方法で測定した膜厚で実験データを比較すること
③ 異なる手法で測定された膜厚を比較する場合には，手法の差による膜厚の違いに十分注意を払うこと

が肝要である。

4.1.2 機械的な膜厚測定

触針式表面形状測定器では，可変に上下動できるスタイラスの先端を試料表面に接触させ，表面をなぞるようにスタイラスを水平方向に動かす。スタイラスには荷重がかけられており，凹んだところでは下に移動し，盛り上がったところでは押し上げられる。表面の凹凸に応じたスタイラスの上下動を差動トランスや容量センサなどを用いて検出し，探針の垂直方向の動きを電気信号に変

える。垂直方向のスタイラスの動きを水平方向の移動距離に対してグラフ表示することで，表面形状データとする。薄膜試料表面の一部に，薄膜がついていない，基板が露出しているエリアを作っておけば，この触針式形状測定器によって膜厚が測定できる（**図 4.3**）。薄膜の膜厚を段差として測定するので，段差測定器，ステッププロファイラーと呼ばれることもある。

（a）測定原理

（b）測定試料の例

（c）測定結果（ALPHA STEP 500）

図 4.3 触針式膜厚測定

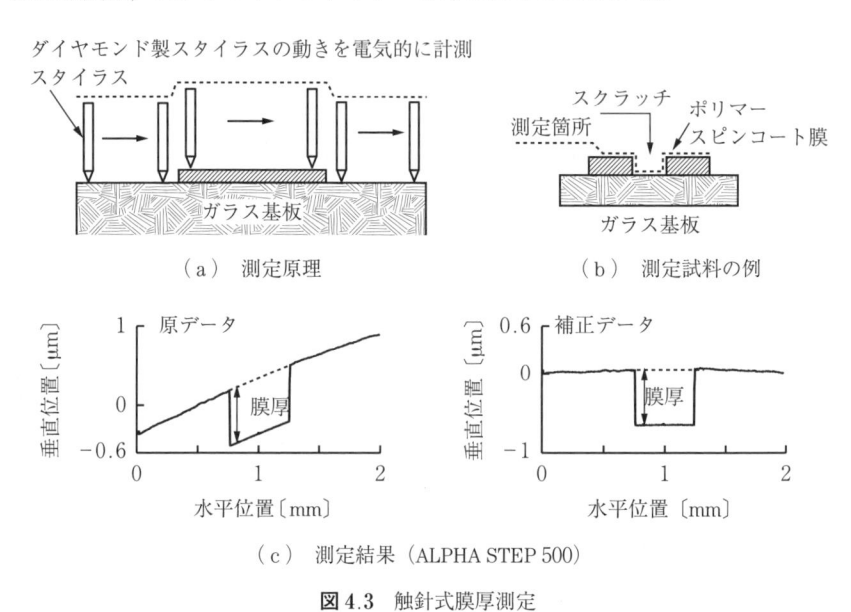

図（b），（c）に測定事例を示す。サンプルは，ガラス基板上にスピンコートしたポリマー膜である。基板よりも膜のほうが十分柔らかいため，ピンセットで軽くスクラッチするだけで，ガラス基板を傷つけることなく部分的にポリマー膜を剝離することができる。原測定データでは，試料の傾きのため，基板および膜表面のプロファイルが斜めになっている。水平軸と垂直軸のスケールが違うため，ずいぶん大きな傾きに見えるが，実際は，1/1 000（水平距離1 000 μm（1 mm）に対して垂直距離が1 μm変化する傾き）以下である。原データからも膜厚を読み取ることができるが，傾き補正することで，より正確に読み取れるようになる。この例では，膜厚 640 nm（0.64 μm）となる。

触針式膜厚測定では，段差をどのようにして作るかという点が重要である。だらだらと傾斜のある段差よりも，垂直に切り立ったシャープな段差のほうが測定精度が高くなる。測定事例のように，皮膜形成後にスクラッチで鋭利な段差が簡単に作れるケースはむしろ少ない。製膜時に部分的に皮膜がつかない工夫をして，段差を形成することがよく行われる。例えば，耐熱テープを基板上に貼って蒸着後取り除く，水や有機溶媒によって剥離できる皮膜を塗布しておく，穴の開いた金属箔を蒸着マスクとして利用する，あらかじめリソグラフィによってレジストパターンを形成しておくなどの手段がとられる。

4.1.3 光学的な膜厚測定

薄膜試料に段差を作ることが困難な場合は，別の方法で膜厚を測定する必要がある。金属や半導体の表面酸化膜のように，元の基板表面位置から内部，外部両方に薄膜成長がある場合にも，触針式段差測定では測定が難しい。薄膜が透明な場合，光吸収があってもあまり大きくない場合は，光を使った膜厚測定が有効である。ここでは，エリプソメーターと分光反射スペクトルからの膜厚測定について紹介する。

〔1〕 **エリプソメトリー**　試料表面に斜めに偏光を照射し，反射光の偏光状態を測定する。入射光の偏光状態が，反射によってどのように変化するかは，試料の光学的性質によって決まるため，反射光の偏光状態を調べることで，試料の屈折率を知ることができる。薄膜試料の場合は膜厚が求まる。この方法は，エリプソメトリーあるいは偏光解析と呼ばれる。偏光状態の測定装置がエリプソメーターである。

偏光とは，光の電場がある特定の方向に振動している光のことである。特に，電場の振動方向が一定の光を直線偏光という。直線偏光を斜めから試料表面に照射する場合，光の入射面（光線の通過する面）と偏光方向の関係から，p偏光，s偏光の2種類に区別される。**図4.4**に示すように，光の入射面に平行な振動の偏光がp偏光であり，振動方向が入射面に垂直な偏光がs偏光である。試料に入射するすべての偏光は，p偏光とs偏光の重ね合わせで表すこと

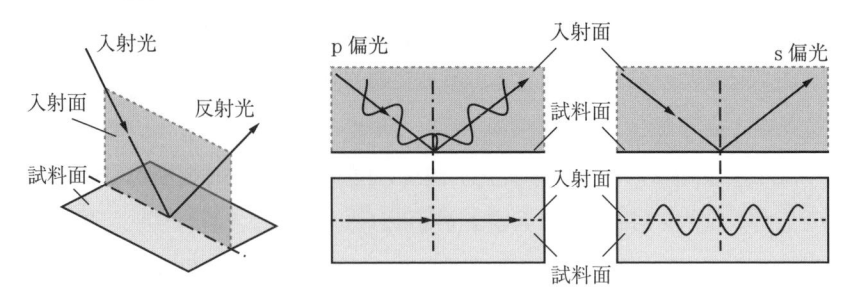

図 4.4 p偏光とs偏光

ができる。

図 4.5 に，基本的なエリプソメトリーの測定原理を示す。入射光と反射光の偏光状態を，光の進行方向から見た形で図示してある。

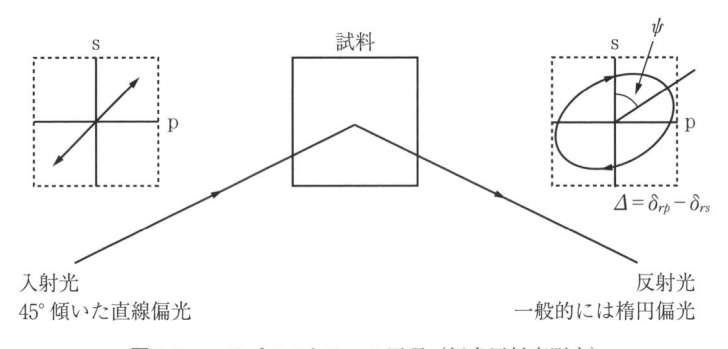

図 4.5 エリプソメトリーの原理（偏光反射率測定）

偏光方向が入射面に対して 45° 傾いた光を，試料に照射する場合について考えてみよう。この偏光は，位相と振幅が同じ p 偏光と s 偏光の重ね合わせである。p 偏光と s 偏光では振幅反射率と反射による光の波の位相変化が異なるため，試料面で反射した光は直線偏光から別の偏光状態に，一般的には光の振幅が増減しながら偏光の向きが回転し，楕円偏光に変化する。この楕円 (ellipsoid) という用語が，エリプソメーターの語源である。楕円偏光の長軸が横軸となす角を ψ，s 偏光と p 偏光の位相差を Δ（光の電場振動 1 周期を 2π とし角度で示す）という。エリプソメーターで測定するのは，この Δ と ψ である。試料の光学的性質と関係は式 (4.3) で表される。

$$\rho \equiv \frac{r_p}{r_s} \equiv \tan\psi e^{i\Delta} \tag{4.3}$$

ここでも，ρ が出てきたが，これは p 偏光の振幅反射率 r_p と s 偏光の振幅反射率 r_s の比であり，偏光解析関数と呼ばれる．エリプソメーターでは，試料表面での反射による偏光状態の変化を測定し，Δ と ψ が導き出される．

測定した Δ，ψ から膜厚を求めるには，薄膜モデルから光学の法則に従って Δ，ψ を計算し，実測値と最も偏差の少ないモデルでの値を膜厚とする．まず，薄膜のない基板表面からの偏光反射について説明する．ガラス基板に光を斜めに照射すると，空気とガラスの界面で光の一部は反射し，残りは屈折しガラス内部に進入する（図 4.6）．

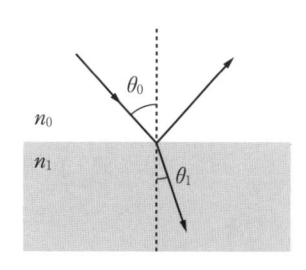

図 4.6 基板表面での光の反射と屈折

空気の屈折率は $n_0 = 1$ であり，ガラスの屈折率を $n_1 = n$ とすると，入射角 θ_1 と屈折角 θ_0 の関係は，スネルの法則（Snell's law）より

$$\left. \begin{array}{l} n_0 \sin\theta_0 = n_1 \sin\theta_1 \\ n = \dfrac{\sin\theta_1}{\sin\theta_0} \end{array} \right\} \tag{4.4}$$

となる．基板が透明でなく吸収のある物質の場合は，屈折率を複素数 $N = n - ik$ で表す．ここで，n は屈折率（refractive index），k は消衰係数（extinction coefficient）である．N は複素屈折率と呼ばれる．複素屈折率を用いて，スネルの法則を表すと

$$N_0 \sin\theta_0 = N_1 \sin\theta_1 \tag{4.5}$$

が得られる（図 4.7）．

屈折率が複素数の場合，スネルの法則から得られる屈折角も複素数になる．複素数の角度といわれても理解しにくいが，光を波として扱うために便宜的に用いていると考えて先に進む．得られた複素数の角度をそのまま，図 4.7 のフレネル係数に当てはめ，p 偏光と s 偏光の振幅反射率 r_p，r_s の式 (4.6)，(4.7)

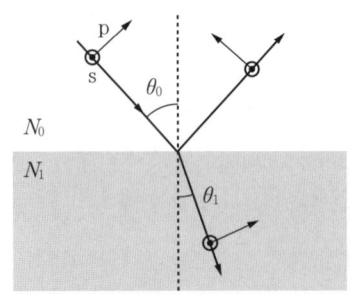

フレネル係数

$$r_p = \frac{N_1 \cos\theta_0 - N_0 \cos\theta_1}{N_1 \cos\theta_0 + N_0 \cos\theta_1}$$

$$r_s = \frac{N_0 \cos\theta_0 - N_1 \cos\theta_1}{N_0 \cos\theta_0 + N_1 \cos\theta_1}$$

$$t_p = \frac{2N_0 \cos\theta_0}{N_1 \cos\theta_0 + N_0 \cos\theta_1}$$

$$t_s = \frac{2N_0 \cos\theta_0}{N_0 \cos\theta_0 + N_1 \cos\theta_1}$$

p偏光, s偏光の振幅反射率 (r) と振幅透過率 (t)

$N_0 \sin\theta_0 = N_1 \sin\theta_1$

図 4.7 基板表面での光の反射・屈折とフレネルの式

を得る。

$$r_p = |r_p| e^{i\delta_{rp}} \tag{4.6}$$

$$r_s = |r_s| e^{i\delta_{rs}} \tag{4.7}$$

δ_{rp}, δ_{rs} は，反射による p 偏光, s 偏光それぞれの位相変化を示す。けっきょく，ψ と Δ は，それぞれ偏光解析関数の実部と虚部で表され，式 (4.8), (4.9) が得られる。

$$\psi = \frac{|r_p|}{|r_s|} \tag{4.8}$$

$$\Delta = \delta_{rp} - \delta_{rs} \tag{4.9}$$

式 (4.6), (4.7) の反射率は振幅反射率と呼ばれ, 光の振幅と位相を表現するために複素数で表されている。一般的な反射率 R は, エネルギー反射率とも呼ばれ, 振幅反射率の絶対値の 2 乗となる (式 (4.10), (4.11))。

$$R_p = |r_p|^2 \tag{4.10}$$

$$R_s = |r_s|^2 \tag{4.11}$$

薄膜試料の場合 (**図 4.8**), 空気 - 薄膜界面および薄膜 - 基板界面でスネルの法則とフレネルの式が成立し, 反射光の干渉によって最終的に試料全体の ρ が決まる。このとき ρ は波長, 基板の屈折率, 薄膜の屈折率, 膜厚, 入射角の関数である。一般的には, 薄膜が均一で膜表面と界面が平行である平行平板

4.1 膜厚測定

図4.8 単層膜での光の反射・屈折

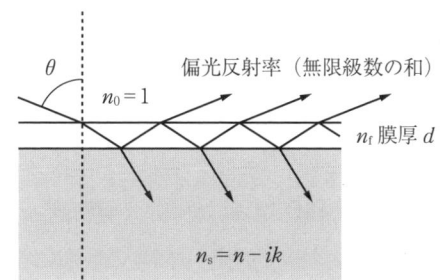

測定条件：入射角 θ, 波長 λ
測定値：Δ, ψ

薄膜：屈折率 n_f, $n_\mathrm{f} - ik_\mathrm{f}$ 膜厚 d
基板：屈折率 n_s, $n_\mathrm{s} - ik_\mathrm{s}$

光学モデルから Δ, ψ を計算

モデルに基づいて Δ, ψ を計算し，測定値に対してパラメータフィッティングを行い，薄膜の膜厚もしくは屈折率，あるいはその両方を決定する。

図 4.9 に，エリプソメーターによる測定事例を示す[1), 2)]。シリコン基板上に有機単分子膜を被覆した試料の膜厚測定結果である。単分子膜では，分子の長さによって膜厚が決まるが，その違いが 1 nm 以下の精度で測定できることがわかる。この測定は，He‐Ne レーザーを光源とする単一波長エリプソメーターで行った。最近では，近紫外から近赤外の波長域で偏光反射を測定する分光エリプソメーターも数多く製品化されている。分光エリプソメーターでは，光学物性の波長依存性が評価できる。単なる膜厚測定においても，波長域全体でフィッティングをかけるため，単一波長よりも精度の高いフィッティングが可能になる。

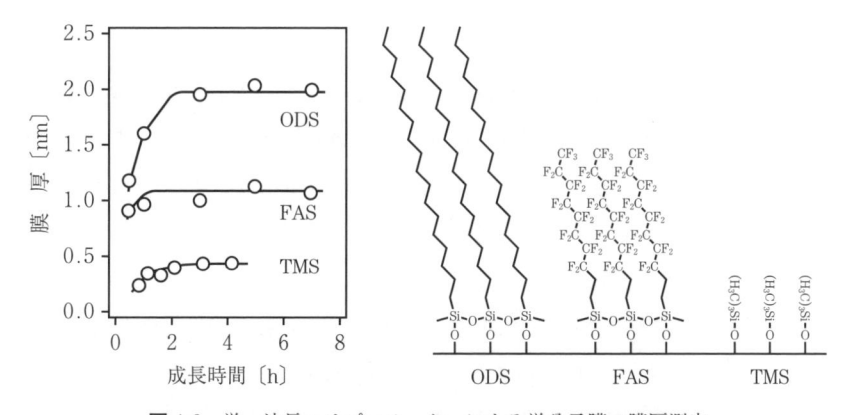

図4.9 単一波長エリプソメーターによる単分子膜の膜厚測定

以上，エリプソメーターに関する概略を説明した。より詳しい説明（さまざまな方式のエリプソメーターの利点・欠点，偏光解析関数の計算方法，界面中間層や表面粗さを考慮に入れた解析，測定誤差の問題，各種測定事例など）については，専門書を参考にしてほしい[3]～[5]。

〔2〕 **分光干渉法** 図4.8に示した薄膜試料の反射で，入射角0°，すなわち垂直入射の場合を考えてみよう。この場合，p偏光・s偏光の区別はなく，反射率は偏光には依存しない。しかし，薄膜表面の反射光と基板界面での反射光の干渉によって反射スペクトルが決まることは斜入射のときと同じであり（**図4.10**（a）），反射スペクトルは，基板の屈折率，薄膜の屈折率，膜厚，光の波長の関数となる。偏光解析の場合と同様に，反射スペクトルを基板と薄膜の光学定数に基づいて解析し，膜厚を求めることができる。分光光度計で測定したデータを光学的な理論に基づいて解析すれば，膜厚と薄膜の屈折率を求めることができるが，分光反射膜厚計・光干渉膜厚計などの名称で，測定装置と解析ソフトウェアを装備した専用のシステムも市販されている。

図（b），（c）に解析例を示す。シリコン基板上にZnO薄膜を被覆した試料の反射スペクトル実測値と，フィッティングによって最適化したシミュレーション結果，解析によって求まる屈折率および消衰係数を示す。実線が実測値，破線が計算値である。膜厚65.1 nmのときに最も良く一致した。このように，分光干渉法でも，薄膜の膜厚と屈折率を高精度で測定することができる[6]。

分光干渉法では，顕微分光と組み合わせることで，微小領域での膜厚測定もできる。直径10～20 μmの領域での測定であれば，膜厚と屈折率を同時に精度良く計測できる。しかし，これ以上微細な領域での測定には，高倍率の対物レンズを使い光を集束する必要があり，光が斜めに入射する度合いが大きくなり，垂直入射の条件から外れスペクトルにひずみが出る。そのため精度が劣化する。膜厚だけの測定でよければ，1 μmオーダーの微小領域での測定も可能であるが，屈折率をある値に仮定した上での解析となる。

干渉分光法の測定膜厚の上限は，精度の良い資料の場合でも40 μm程度で

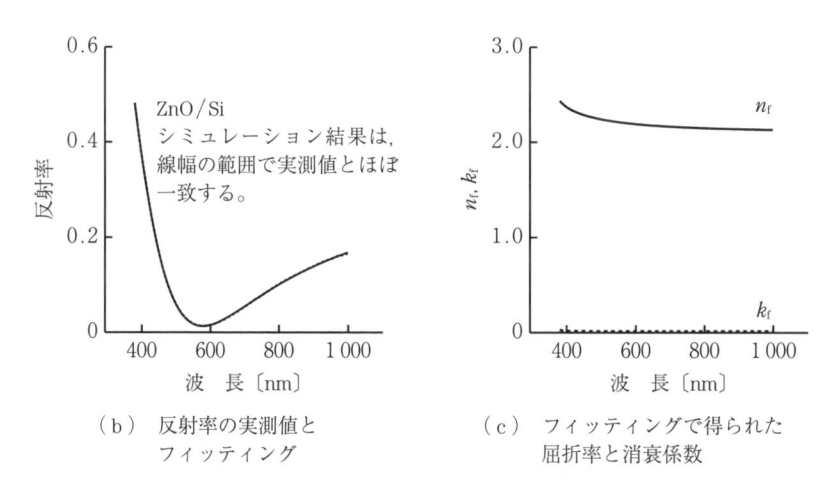

4.1 膜厚測定　　*141*

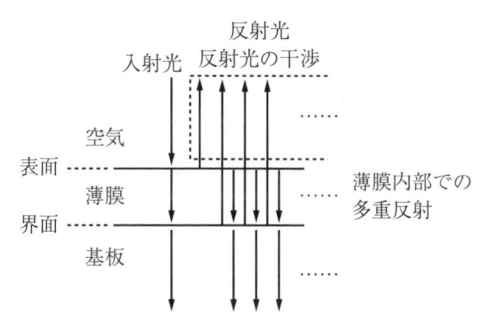

(a) 薄膜試料への垂直入射による光の反射

(b) 反射率の実測値とフィッティング

(c) フィッティングで得られた屈折率と消衰係数

顕微分光システム DF-1037 を用いて測定し（測定範囲直径 20 μm），スペクトル解析ソフト SCOUT を用いて解析した結果（データ提供：テクノ・シナジー 田所氏）

図 4.10　分光干渉法による膜厚・屈折率解析

あり，これ以上の膜厚ではさまざまな影響で精度が得られなくなる。また，精度良く膜厚と屈折率を測定できる膜厚の下限は，薄膜と基板の屈折率差にもよるが，おおむね 30〜40 nm である。これよりも薄くなると，膜厚変化に対する反射率変化が小さすぎるため，正確な測定が難しくなる。屈折率の値を固定してフィッティングすれば膜厚を求めることはできるが，膜厚 10 nm 以下になると測定値の信頼性はかなり低くなる。例えば，シリコン表面に膜厚 2.5 nm の SiO_2 膜を被覆したときの反射率変化は，0.000 3 である[7]。このような微

小な反射率変化は高精度で測るのはかなり難しい。しかし，この領域でも Δ の変化は顕著であり，エリプソメーターであれば高精度で測定ができる。

4.2 表面分析

4.2.1 電子顕微鏡

　レンズの分解能（試料上にある二つの点が，拡大像中で分離して見える最短距離）は，レイリーの式により

$$\Delta = \frac{k \times \lambda}{NA} \tag{4.12}$$

と定義される。ここで，λ は光の波長，NA はレンズ（顕微鏡の場合は対物レンズ）の開口数（レンズの性能を表す数値）である。k は定数で，照明や撮像の仕方によって上下する。NA と k が同じであれば，レンズの分解能は波長が短くなるほど小さくなる，つまり解像度が上がることがわかる。光学顕微鏡では可視光を用いるため，分解能 100 nm 程度が限界である。

　電子線を試料に照射して拡大像を得る顕微鏡のことを，電子顕微鏡と呼ぶ。電子線の波長 λ は，ド・ブロイの定義によれば

$$\lambda = \frac{h}{mv} \tag{4.13}$$

で表される。ここで，h はプランク定数，mv は電子の運動量（質量×速度）である。加速電圧が高いほど電子の運動量は大きくなり，波長は短くなる。式(4.13) から計算される電子の波長は，100 kV で約 0.0038 nm となり，電子の波長は光の波長に比べて非常に小さい。その結果，電子顕微鏡では，より微細な構造を観察できることになる。電子顕微鏡には，透過型電子顕微鏡（transmission electron microscope，TEM）と走査型電子顕微鏡（scanning electron microscope，SEM）がある[8], [9]。

　TEM は，試料を透過した電子線を検出する。試料の結晶方位や化学組成などによって電子線の透過率が異なるので，場所により透過電子線強度の濃淡が

生じ，その分布を電子レンズによって拡大・結像し TEM 像を得る。**図 4.11**(a)に TEM の模式図を示す。最上部には電子銃が設置されている。フィラメント（陰極）とアノード（陽極）の間には，高電圧が印加されており，フィラメントから放出された電子は加速され電子ビームとなる。電子の発生機構の違いにより，熱電子放出型（thermal emission, TE）と電界放出型（field emission, FE）の 2 種類がある。電子銃の下には照射レンズ-試料-対物レンズ-結像レンズと続く。

図（b）〜（e）は，TEM によるサンプル観察事例である。単結晶シリコン基

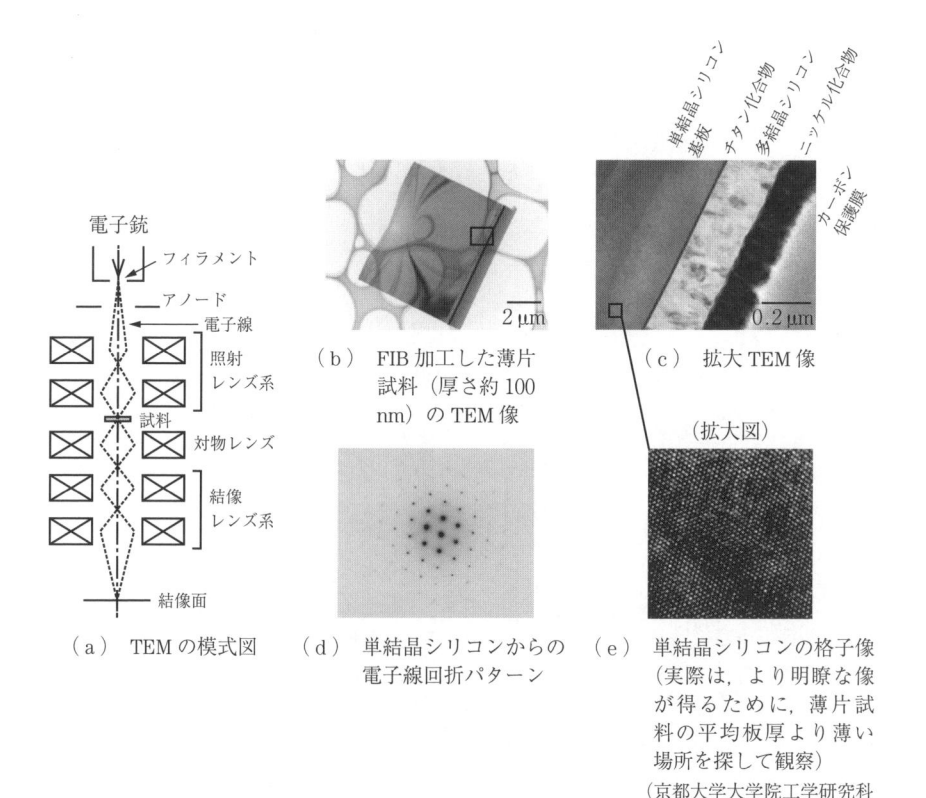

(a) TEM の模式図

(b) FIB 加工した薄片試料（厚さ約 100 nm）の TEM 像

(c) 拡大 TEM 像（拡大図）

(d) 単結晶シリコンからの電子線回折パターン

(e) 単結晶シリコンの格子像（実際は，より明瞭な像が得るために，薄片試料の平均板厚より薄い場所を探して観察）
（京都大学大学院工学研究科・材料工学専攻鹿住技術職員による試料作製・測定）

図 4.11 TEM による試料観察（単結晶シリコン基板上に，チタン化合物，多結晶シリコン，ニッケル化合物の順に積層されている）

板上にチタン化合物層，多結晶シリコン，ニッケル化合物層の順に積層されている多層膜試料を，断面が出るように集束イオンビーム（focused ion beam, FIB）で膜厚 100 nm 程度まで薄片化した試料を，マイクログリッドに載せて TEM で透過電子像を観察した。チタンとニッケルが含まれている層は，シリコンよりも電子線の透過率が低いため，像では暗く観察される。単結晶シリコン基板の一部を拡大すると，図（e）のようにシリコン結晶の格子像が見える。また，この領域で電子線回折パターンを取ると，図（d）のように単結晶由来の回折像が得られる。

電子線を絞って試料表面に照射すると，電子は透過したり反射したりするだけでなく，オージェ電子や2次電子が表面から放出される（**図 4.12**）。2次電子は，入射した1次電子によって励起された固体内部の電子が，表面から飛び出してきたものである。電子のほかにも X 線や光（フォトン）が放射される。

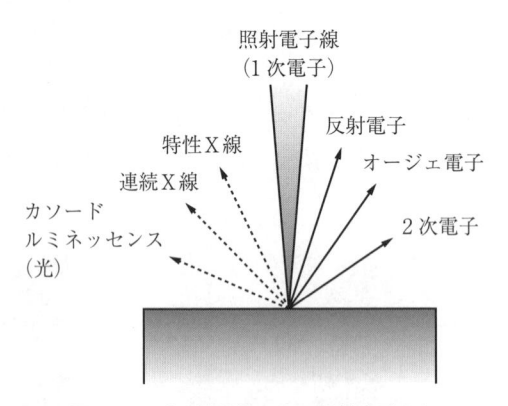

図 4.12 電子線照射による試料表面からの電子とフォトンの放射

SEM は，試料から放出される2次電子あるいは反射電子から得られる像を観察する電子顕微鏡である（**図 4.13**）。走査型の名称は，試料に当てる電子線を，少しずつ動かしながら表面をスキャン（走査）して画像化することからきている。表面の形状や凹凸，表面近傍の内部構造を観察するのに優れている。試料の導電性が低い場合は，電子線を照射し続けると表面が帯電してしまい

4.2 表面分析　　145

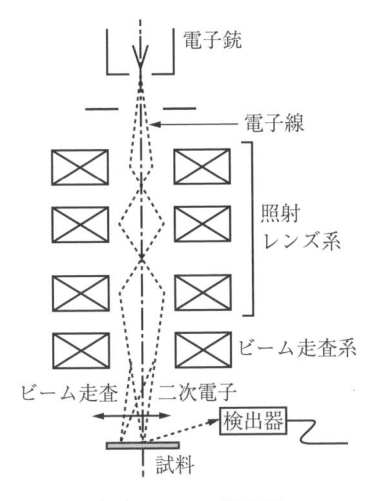

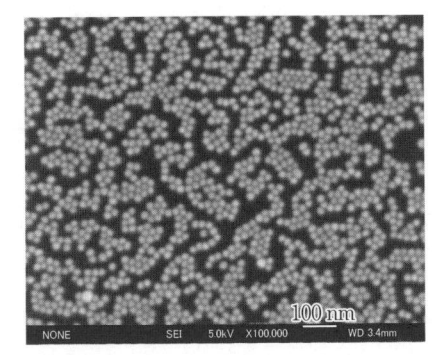

(a) SEM の模式図　　(b) 金ナノ粒子（直径 20 nm）の FE-SEM 像

図 4.13　SEM による試料観察

（チャージアップと呼ばれる）観察ができなくなるため，あらかじめ試料表面に導電性物質を薄くコーティングしておく。コーティングにはカーボンあるいは金，白金のような貴金属が用いられることが多い。図 (b) は，直径 20 nm の金ナノ粒子をシリコン表面上に固定化した試料の SEM 像である。SEM の解像度は電子線のビーム径で決まり，この例ではビーム径 1～2 nm の電界放射型 SEM（FE-SEM）を使って観察している。ナノ粒子間にある数 nm 以下のギャップがよく解像できている。

4.2.2　走査型プローブ顕微鏡

走査型プローブ顕微鏡（scanning probe microscope, SPM）は，先端をとがらせた探針を試料表面をなぞるように動かして，表面状態を拡大観察する顕微鏡である。表面を観察する際，探針と試料間に流れるトンネル電流を検出する走査型トンネル顕微鏡や，小さな板ばねの先端に取り付けた探針にかかる力を検出する原子間力顕微鏡など，数多くの種類がある[10), 11)]。

〔1〕　**走査型トンネル顕微鏡**（scanning tunneling microscopy, STM）

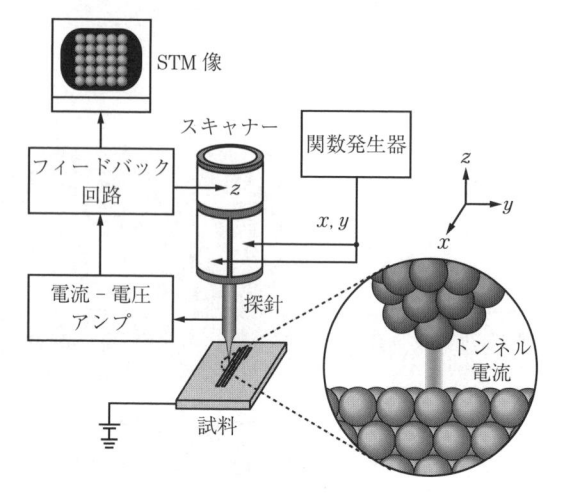

図 4.14 走査型トンネル顕微鏡の構成

STM の構成を**図 4.14** に示す。

　金属製の探針（W や Pt/Ir 合金などを用いることが多い）と試料との間にバイアス電圧を印加し，試料と探針先端の距離が 1 nm 程度になるまで近付けると，トンネル電流が流れる。トンネル電流の大きさは，探針-試料間の距離に対して非常に敏感で，探針が試料に 0.1 nm 近付くだけでトンネル電流は 1 桁大きくなる。トンネル電流の大きさは，式 (4.14) で表される。

$$I \propto V\rho \exp\left(-\sqrt{\phi}\,z\right) \tag{4.14}$$

ここで，I はトンネル電流，ρ は状態密度，V はバイアス電圧，ϕ はトンネル障壁，z は探針-試料間の距離である。トンネル電流が，z に対し指数関数的に変化することがわかる。このトンネル電流を計測することで，探針-試料間の距離の変化を高精度に検出することができる。これが，STM の基本原理である。STM では，金属探針を試料表面上で水平 (x, y) に移動させ，つねにトンネル電流が一定になるように探針-試料間の距離 (z) をフィードバック制御する。トンネル電流は距離依存性がきわめて高いため，そのほとんどは探針先端原子から再近接の試料表面原子へと流れる。その結果，STM では xy 方向の分解能も高く，条件が整えば原子像・分子像を得ることができる。

〔2〕 **原子間力顕微鏡**（atomic force microscope, AFM） 探針と試料に作用する力を検出する走査型プローブ顕微鏡は，AFM と呼ばれている。STM では試料の導電性が必要不可欠であったが，AFM では絶縁体でも導電体でも，表面観察ができる。AFM では，小さな板ばね（カンチレバー）の先端に探針が取り付けられており，この探針と試料表面を nN レベルかそれ以下の微小な力で接触させ，カンチレバーのたわみ量が一定になるように圧電スキャナーの z 位置をフィードバック制御しながら xy 走査することで，表面形状を画像化する。

図 4.15 は，探針を試料表面に接触させる接触式 AFM（contact-mode AFM）と呼ばれる装置の概略図を示している。より微細な凹凸を観測できるように，前章で説明した表面粗さ計が進化したものと考えてもよいだろう。

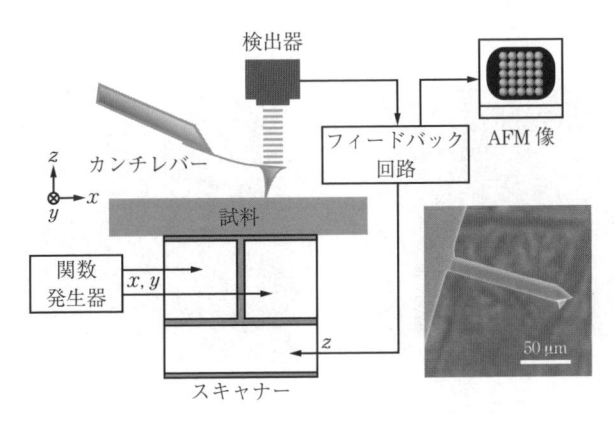

図 4.15 接触式原子間力顕微鏡の概略図

図 4.16 に，CVD ダイヤモンド膜の表面を接触式 AFM で観察した例を示す[12]。比較のため，同じ試料を FE-SEM 像で観察した結果も示す。図 (a) はダイヤモンド膜の AFM 像，図 (b) は FE-SEM 像である。FE-SEM 像と比べると AFM 像のほうがシャープさに欠けるように見える。AFM の探針は先端径の小さなものでも 10 nm 程度であり，凹凸のある表面を探針でなぞると，ダイヤモンド結晶のエッジが丸まって観察される。一方，SEM ではエッジでは 2 次電子放出が強まるため，エッジが強調され結晶の輪郭が浮かび上がるよう

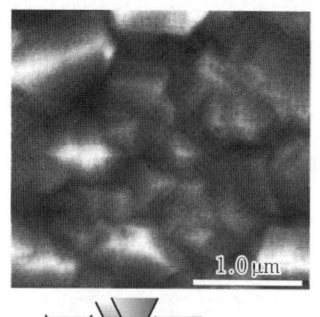

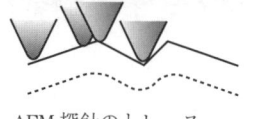

(a) AFM像
AFM探針のトレース
凹みでは針が届かない
突起では角が丸くなる

(b) FE-SEM像（ダイヤモンド結晶
(111)面の高倍率観察）
2次電子
エッジ効果によって
輪郭が強調される

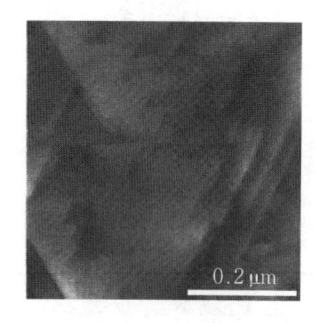

(c) AFM像

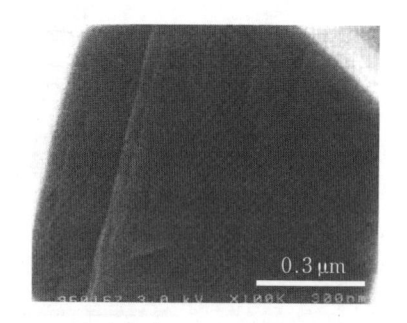

(d) FE-SEM像

図4.16 マイクロ波プラズマCVDにより作製したダイヤモンド薄膜の表面形状

に見える。図(c), (d)は，一つのダイヤモンド結晶の(111)面を拡大して観察した像である。AFMでは，高さ1～2nmの小さなステップが明瞭に見えており，低倍率では平滑に見えた結晶面に微細な構造があることがわかる。しかし，このような小さな段差では2次電子のエッジ効果が十分に働かないため，SEM像ではかすかにしか確認できない。

カンチレバーを振動させ，探針先端を周期的に試料表面に接触させる方式のAFMは，ダイナミックモードAFM（D-AFM）と呼ばれる。接触式，振動式の

AFM が別々にあるわけではなく,接触式・振動式それぞれに専用のカンチレバーを用意すれば,市販のほとんどの AFM で両方の動作が可能である.探針が試料表面に接触したかどうかは,振動の振幅を検出することで検知する.実際には,カンチレバーを縦方向に励振し,共振周波数付近で振動させる.探針先端が試料に接触すると振幅が減衰する.強く接触すればそれだけ振幅の減衰が大きくなり,軽くタッチするだけの場合は振幅の変化量は小さい.カンチレバーの振動振幅が一定になるようにフィードバック制御を行い,D-AFM 像を得る.xy 走査によって探針が試料を引っかくことが少ないため,軟らかい試料,動きやすい試料や吸着性のある試料でも測定が可能である.D-AFM の中で,探針先端が試料表面に近接し,かつ実質的に接触していないぎりぎりの状態でフィードバック制御する AFM は,特に,非接触 AFM(non-contact AFM,NC-AFM)と呼ばれる[13]。

〔3〕 **電子分光法** 物質に X 線,電子,イオンなどを当て,物質から放出される電子の運動エネルギー分布を測定する手法が電子分光法である.ここでは,最もよく表面分析に用いられている二つの手法,X 線光電子分光(X-ray photoelectron spectrosco,XPS)とオージェ電子分光(Auger electron spectroscopy,AES)について解説する[14]~[16]。なお,XPS は ESCA(electron spectroscopy for chemical analysis)と呼ばれることも多い.

試料表面に X 線あるいは電子線を照射すると,光電子あるいは 2 次電子が試料表面から飛び出してくる.光電子,2 次電子の中には,オージェ電子と呼ばれる特別な放出過程で出てくる電子が含まれている.XPS でもオージェ電子を計測することは可能であるが,表面分析にオージェ電子を用いるのは主として AES のほうである.図 4.17(a)は,X 線励起による光電子放出過程を示す.エネルギーの高い X 線は内殻電子を励起し,励起された電子はフェルミレベルを超えて固体表面から外に飛び出す.光電効果と呼ばれる現象である.

光電子の運動エネルギー E を測定すれば,X 線の光子エネルギー($h\nu$)はわかっているから

$$E = h\nu - E_B \tag{4.15}$$

150 4. 分析と評価

(a) 光電子放出過程

(b) オージェ電子放出過程

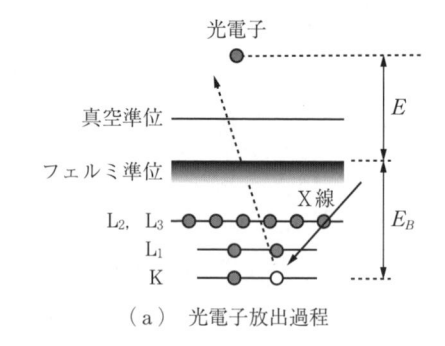

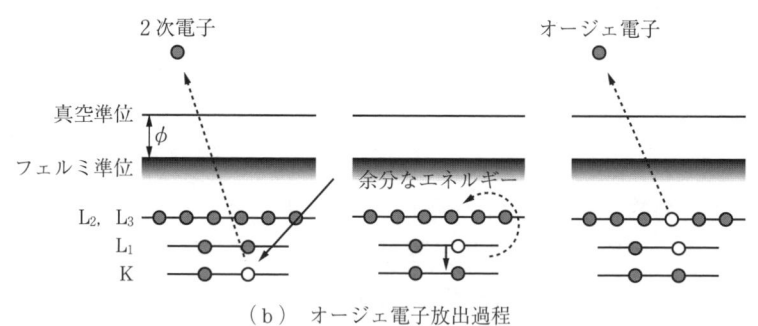

図4.17 試料表面からの電子放出過程

より，電子の束縛エネルギー（binding energy, E_B）を知ることができる。

E_B は元素ごとに固有の値があり，光電子の運動エネルギーを調べれば，どの元素から出た光電子なのかがわかるため，表面の化学組成が分析できる。オージェ電子は，光電子と比べるとやや複雑な過程を経て放出される。図（b）に示すように，オージェ電子放出には三つの電子軌道がかかわっている。

まず，電子線によって励起されたK殻の電子が，フェルミ準位を超えて外へ飛び出し，内殻の電子軌道に空きができる。そこへエネルギーの高い外殻の電子が遷移する。その際，余った電子のエネルギーは別の外殻電子に与えられ，その電子は外へ飛び出すことになる。これがオージェ電子である。オージェ電子のエネルギーは，式（4.16）で表される。

$$E_A = E_K - E_L - E'_L - \phi \tag{4.16}$$

ここで，E_K, E_L はそれぞれの軌道のエネルギー準位を，ϕ は仕事関数を表

す。オージェ電子スペクトルのあるピークの説明として，C_{KLL}のように元素記号の後に三つのアルファベットが付記されていることがあるが，これは炭素（C）からのオージェ電子で，K殻，L殻，L殻にある三つの電子がかかわって放出されたことを表している。

XPS・AES分析に用いられる電子のエネルギーは，おおむね，30〜3000 eVの範囲にある。この比較的低エネルギーの電子が，固体中で動ける距離はせいぜい数 nm である。励起X線や励起電子線は試料の奥深くμm レベルの深さまで侵入するが，そこで光電子・オージェ電子が発生しても，表面へと向かう途中でエネルギーを失い表面から飛び出すことができない。したがって，表面近傍の原子から発生した光電子・オージェ電子だけが固体の表面から飛び出して検出されることになる。このことが，XPS，AESが表面敏感な分析装置である所以である。XPSとAESの表面分析の特徴と長所を**表4.1**に示す。

表4.1 XPSとAESの表面分析の特徴と長所

AES，XPSに共通な特徴	① Liより重いすべての原子が分析可能 ② 検出の下限は 0.1 at%程度 ③ 表面から数 nm の深さ範囲が分析可能 ④ イオンスパッタリングを使って深さ分析が可能
XPSの長所	① チャージアップ（帯電）の影響がAESより少なく，絶縁体の分析が容易 ② 試料損傷がAESより少ない ③ 化学状態分析が容易 ④ AESよりも定量性が高い ⑤ 入射角可変・角度分解分光による深さ分析が可能
AESの長所	① 微小領域分析が可能 　電子ビームは 10 nmϕ 以下まで絞れる，X線は数 μmϕ 程度が限界 ② 深さ分析分解能がXPSよりも高い

同じ元素からの光電子でも，その元素がどの元素と結合しているかによって束縛エネルギーの変化量が異なる。この変化を化学シフトと呼び，これを利用して元素の結合状態が分析できる。**図4.18**に高分子材料（ポリカーボネート）の表面分析結果を示す。炭素どうしの結合に加え，炭素−酸素結合もあり，

152   4. 分析と評価

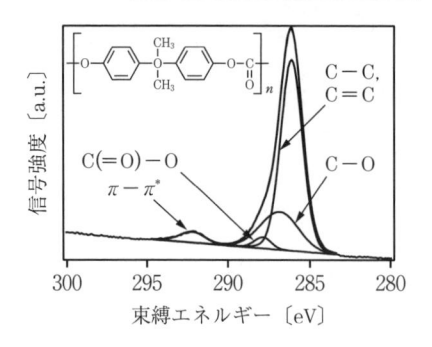

図4.18 ポリカーボネートのXPSによる表面分析結果

ピーク分離することで結合状態の異なる成分からの信号がどれくらいあるかを知ることができる。

図4.19に，同じ試料をXPSとAESで測定した結果を示す．上列はXPS分析結果であり，左からSi基板，膜厚2 nmの表面酸化膜を付けたSi，酸化膜厚50 nmのSiのSi2pピークを示す．Si基板に見られる束縛エネルギー99 eV付近のピークが，酸化していないSiからのXPS信号である．膜厚2 nmの酸化膜がある試料では，103 eV付近に小さなピークが現れる．2 nm程度の膜厚であれば，酸化膜を突き抜けて光電子が飛び出してくることも，この結果は示している．ところが，酸化膜厚50 nmの試料では，光電子の脱出深さよ

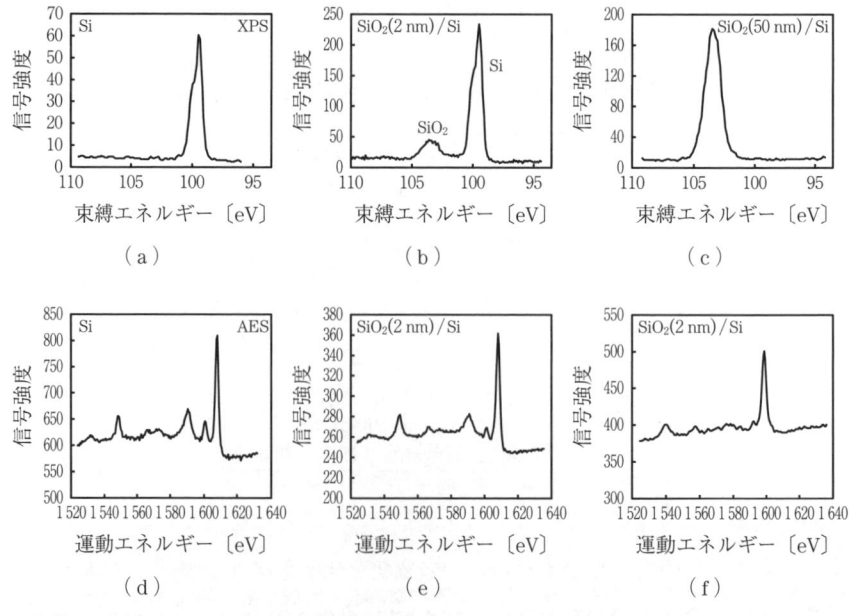

図4.19 XPSとAESで測定した結果（データ提供：日本電子（株）飯島善時氏．XPSはJPS-9200，AESはJAMP-7810を使用）

りも酸化膜が厚いため，基板 Si からの光電子は表面に出てこられない。その結果，酸化シリコンのピークだけが観察される。図の下列は，AES 測定結果（Si KLL ピーク）を示す。メインピークの位置を見ると，Si（図（d））と SiO_2（図（f））で，9 eV 程度差があることがわかる。AES でも化学結合状態によってピーク形状が明確に変化する場合があり，化合状態の違いを，オージェ電子ピーク形状から判別することができる。ただし，AES では XPS よりもチャージアップが起きやすいこともあり，絶縁体も含めた多くの材料の化学シフト計測 – 結合状態分析を行うには，一般的には XPS のほうが適している。

AES の威力は，元素マッピングを行うときに発揮される。**図 4.20** は，酸化

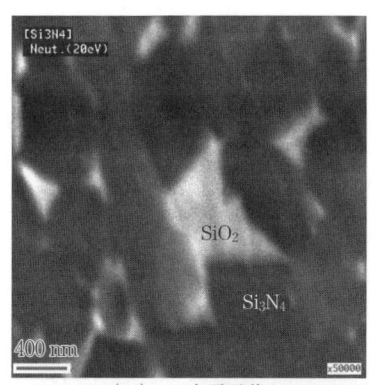

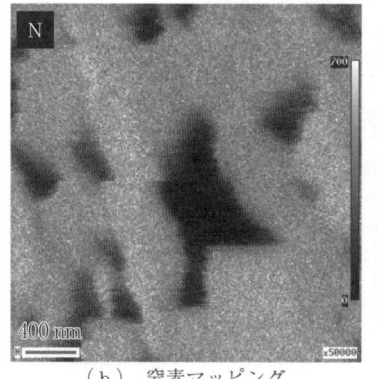

(a) 2 次電子像

(b) 窒素マッピング (c) 酸素マッピング

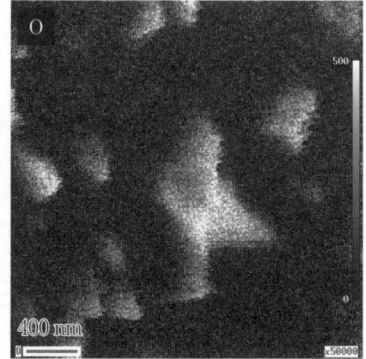

図 4.20 AES による元素マッピング（データ提供：日本電子（株）飯島善時氏。JAMP-9500F を使用）

シリコンと窒化シリコンの混在している表面の AES による元素マッピング結果である。図（a）に2次電子像，図（b）に窒素マッピング，図（c）に酸素マッピングを示す。このように，電子線は X 線よりもはるかに細く絞れるため，nm レベルの局所分析が可能なことが最大の特徴である。

XPS, AES の重要な用途の一つに，深さ分析がある。XPS では角度分解という方法でシングル nm レベルの深さ分析を行うことができるが，それについては専門書にゆずり，ここでは，イオンビームエッチングによる深さ分析について紹介する。試料表面にアルゴンイオンビームを照射し，表面層を少しずつイオンスパッタリングによって削りとり，エッチング面の XPS 分析を行う。これを繰り返すことで，表面から内部への深さ方向 XPS 分析が行われる（**図 4.21（a）**）。AES でも同様である。

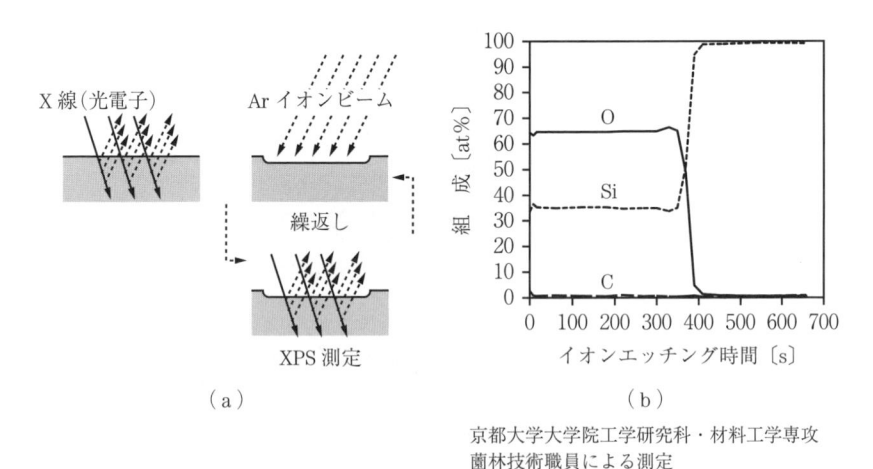

京都大学大学院工学研究科・材料工学専攻
薗林技術職員による測定

図 4.21 イオンエッチングによる深さ分析

図（b）に，この方法で測定した深さ方向の元素プロファイル（XPS）を示す。試料は，酸化膜厚 110 nm（エリプソメーターで測定）のシリコン基板である。このようなグラフをデプスプロファイルと呼ぶ。最表面のカーボンコンタミがイオンエッチング開始数秒以内でまず除去され，それ以降は，酸素濃度，シリコン濃度はほぼ一定となる。濃度比も酸素，シリコンがほぼ2であ

り，SiO_2 膜であることがわかる。エッチング時間 400 秒で酸化膜がなくなり，Si 濃度 100％ となった。

4.2.3 2次イオン質量分析法

高エネルギーのイオンを試料表面に照射すると，試料表面からは電子，中性粒子，イオンなどさまざまな粒子が放出される（**図 4.22**（a））。照射したイオンを 1 次イオンと呼び，1 次イオンは基板の原子と衝突を繰り返しながら内部に侵入する。基板の原子の一部がはじき出されて外に飛び出す（イオンスパッタリング）。スパッタされるのは，ほとんどが中性の原子であるが，一部はイオン化される（2 次イオン）。SIMS（secondary ion mass spectrometry，2 次イオン検出法）では，質量分析計を用いて 2 次イオンを検出し，各質量電荷比（m/e，イオンの質量をイオンの電荷で割った値）での検出量を測定することで，試料中に含まれる成分の定性・定量分析を行う[17]。

SIMS の特徴はつぎのとおりである

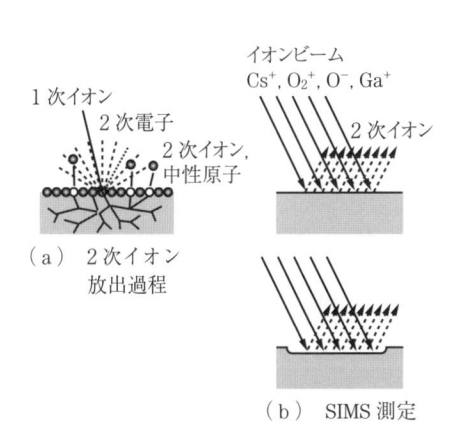

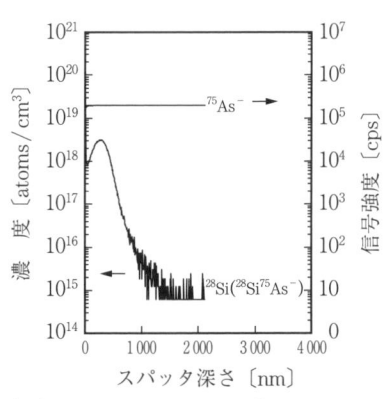

（a） 2次イオン放出過程

（b） SIMS 測定

（c） SIMS による深さ測定の例。GaAs 基板に Si イオンを加速エネルギー 260 keV で 9.6×10^{13} cm^{-2} 注入した試料の深さ分析。1 次イオンには Cs^+ を用い，負の 2 次イオンを測定（データ提供：古河電気工業（株）大友晋哉氏）

図 4.22 SIMS

156   4. 分析と評価

① 水素からウランまで全元素の同定ができる。
② 同位体も分離できる。
③ 高い検出感度（ppm～ppbレベルの定量分析）である。
④ ダイナミックレンジが広い——主成分元素からごく微量の不純物まで測定可能である。
⑤ イオンエッチングしながら測定するので，深さ分析が可能である。
⑥ 数μm角の微小領域の測定が可能——⑤と組み合わせて2次元，3次元のマッピングができる。
⑦ 測定によって試料が壊れる，破壊試験である。

SIMSでは，XPSのように化学シフト利用した結合状態分析はできないが，原子イオンだけでなく分子イオンを測定することで，ある程度試料の分子構造を類推することは可能になる。

図（c）に，SIMS測定例を示す。これはGaAsにSiをイオン注入した標準試料の測定例で，質量数75（As）と28（Si）のデプスプロファイルを載せている。SiイオンよりもSiAsイオンのほうが2次イオン強度が強いため，こちらを測定し，Siのデプスプロファイルとした。Asのデプスプロファイルは，縦軸（右）の測定イオン強度で，Siのデプスプロファイルは縦軸（左）の濃度換算値で示した。イオン注入されたSiは，深さ300 nm前後でピーク濃度を迎え，1 500 nmでは測定限界以下となった。

4.3 密 着 性 評 価

皮膜（コーティング）の密着性は，耐候性，耐湿性も含めた耐久性の指標として語られることが多く，特に，品質保証としての密着性は，高湿下の圧力釜や塩水試験などに耐えたかどうかで評価されている例も多い（**表4.2**）。しかし，本節では，特に皮膜と基板の力学的特性に限定して，その物理的側面を説明し，それを評価する力学的試験方法について述べる。これらの測定手法は，歴史的には硬質膜やトライボロジー（tribology）の分野で発達してきた評価法

4.3 密着性評価

表4.2 密着性評価法のいろいろ

機械的試験	引剥がし試験，引張試験，押込み試験，引っかき試験，擦過試験，折曲げ，穿孔試験，超音波照射
熱的試験	圧力釜，熱サイクル，熱ショック，熱刺激＋機械的試験
化学的試験	圧力釜（高温・高湿，煮沸），塩水噴霧，酸・アルカリ液への浸漬
電気的試験	表面電位，シート抵抗，界面の電子分光

であるが，試験条件を適切に選択することで，どのような皮膜，基板系からも界面構造に関する深い知見を得ることができる。

4.3.1 界面の力学

薄膜と基板とが密着している状態とは，2材料間に相互作用（引力）が働いていて，分離されているよりエネルギー的に低いことを意味する。この密着がどの程度に安定であるかは，エネルギー差に対応すると考えるのが最も物理的である。巨視的には，界面部が表面として露出しているのが分離した状態である。これは原子レベルで見ても同じことで，周囲を適当な数の原子を配置させることによって安定な固体（結晶）構造が実現されるわけで，被覆されない原子の分だけ系全体の自由エネルギーが増えている。

表面生成を避ける傾向の強さは表面エネルギーまたは表面自由エネルギー（単位は〔J/m^2〕）と呼ばれる。表面エネルギーは表面張力とまったく同じ意味である[†]。図4.23に示すように，薄膜fと基板sが密着している物体を引きはがすと，それぞれの表面エネルギーをγ_f, γ_sとして，単位面積当り$(\gamma_f+\gamma_s)$だけ自由エネルギーが増す。

元のfとsとの密着状態における界面のエネルギーをγ_{fs}とすると，その差

$$W_{fs} = \gamma_f + \gamma_s - \gamma_{fs} \tag{4.17}$$

[†] 2相の境界部の単位長さ当りに働く力が表面張力で，その境界が移動することで変化する位置エネルギーが表面エネルギーに対応する。重力環境で物体に作用する力がmgであることと，その物体の高さ1m当りの位置エネルギー差が$\Delta U = mg$であることと同じである。熱力学では，単位面積の表面が持つ自由エネルギーである。

158   4. 分 析 と 評 価

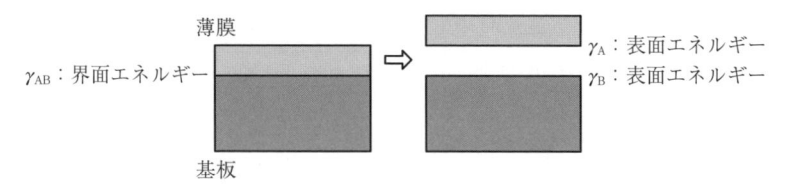

図4.23 密着状態のエネルギー的安定性

が薄膜-基板間のはがれにくさ，すなわち密着性の強さを表す指標となる[18),19)]。この W_{fs} が正の大きな値であるほど界面がはがれにくい，すなわち密着性の良い状態にある。なお，引力の起源が，ファンデルワールス（van der Waals）力など中性原子間の分散力である場合は，$\gamma_{fs}=\gamma_f+\gamma_s-2\sqrt{\gamma_f\gamma_s}$ であるので

$$W_{fs}=2\sqrt{\gamma_f\gamma_s} \tag{4.18}$$

となる。表面エネルギーの大きさは有機系物質で $0.01 \sim 1\,\mathrm{J/m^2}$，金属や酸化物で $1 \sim 10\,\mathrm{J/m^2}$ 程度の値である。

異種材料間の表面エネルギーには，固体表面の液滴の接触角 θ に関するヤング（Young）の式[20)] $\gamma_{fs}=\gamma_s-\gamma_f\cos\theta$ が知られている。これを用いると

$$W_{fs}=\gamma_f(1+\cos\theta) \tag{4.19}$$

が導かれ，薄膜材料の表面エネルギーが大きい場合や θ が小さい（ぬれ性に優れている）場合は，密着性が良くなることが期待できる。

この考え方は4.6節で述べる液体に対するぬれ性の議論とまったく同じで，同じ材料であっても，表面改質によってぬれ性を改善できる。例えば，上の議論で界面の面積を見かけの面積と同じとしたが，ラフネスやf-s原子の混合によっても変わり，同じ物質の組合せでも表面エネルギーを $0.1 \sim 10$ 倍に変えることができる。ただし，ミクロな視点での固体の表面エネルギーは測定自体が容易でなく，むしろ付着や破壊の実験から表面エネルギーを評価することが期待されている。

4.3.2 界面の微視的構造

表面エネルギーや界面エネルギーは，界面で膜と基板の原子がどのように混合しているかによって大きく異なり，大まかにつぎの3種に分類される[19), 21)]。

〔1〕 **相分離した界面**　界面で原子組成が厚さ方向にステップ状に変化している構造で，ガラスからプラスチックの平坦な基板上に物理製膜された貴金属の薄膜はこの構造である。剥離した界面部には相手の原子がほとんど見られない。こうした薄膜と基板の原子間の緩い結合では，界面の相互作用として分散力が主体となり，界面エネルギーとして $0.1 \sim 1 \mathrm{J/m^2}$ 程度である。ただし，界面にごみや傷などの巨視的欠陥がなければ，使用には十分に耐える。

〔2〕 **拡散性界面**　ケイ酸ガラスをはじめとする酸化物の基板の上に酸化されやすい金属の薄膜を堆積した場合，金属の原子は基板側に拡散しやすい。さらに膜と基板の間に Ti や Si などの薄い層を挟むと，この中間層を介して膜および基板との間で原子の拡散が促される。金属の亜酸化物の中間層も効果があるといわれる。また，基板温度を高めたり，イオンビームを照射するなど成長前線に刺激を加えることによって相互拡散が進む。特に，成膜初期に強いイオンビームを照射すると界面に組成の傾斜構造ができる。ステップ的な組成変化を避けることで界面での応力集中も減るので，さらに密着性が向上する効果がある。プラズマを利用する成膜技術を用いる場合は，基板に負バイアスをかけることによっても原子の混合が促される。

〔3〕 **投錨（びょう）構造**　基板表面に開放空洞構造を持たせ，その空洞部を充填するように薄膜を堆積させると，膜と基板がしっかりとかみ合った界面となる。こうした構造をアンカリング（anchoring）と呼ぶ。文字通りにかみ合うような構造でなくても，高い空間周波数でラフネスを持つような界面では見かけの面積当りの結合原子対の数が増えるので，その分密着性が増すことが期待される。

4.3.3 付着損傷の形態

密着性の良さはエネルギー的な安定性のほかに，界面部に塑性変形をもたら

す応力(単位面積当りの力)値の高さも重要な指標となる。これはバルク材料で引張試験を行うときに,弾性限界(降伏応力)あるいは破断する応力値に関心が寄せられるのと同じである。また,1970年以降に発展した破壊力学により固体の壊れる機構についての理解が深まった結果として,力学的刺激の加え方によっていろいろな壊れ方が起きることや,その破壊の臨界刺激を与える物理量として,例えば応力拡大係数やき裂開口変位などのパラメータがあることがわかってきた[22]。密着性評価においてもそうしたパラメータを測定結果から推算する研究も行われているが,まだ評価方法として一般的に確立されていない。

つぎに,密着性試験を行った結果として,膜の剥離がいつも界面から起こっているわけではないことを強調しておきたい。これは試験の場合だけでなく,実用上のトラブルとして「密着性に問題あり」とされた場合も同様である。膜と基板との界面には多量の構造欠陥が存在して強度的に最も弱い場所であるが,外界からの力学的刺激が試料の深さ方向に単調な応力分布をもたらすとは限らず(後述のスクラッチを参照),界面以外で起きた破壊が膜の剥離を誘発していることもある。このため,界面で起こった剥離を付着損傷(adhesion failure)と呼ぶのに対し,基板内部(あるいは膜の内部)が壊れている場合を凝集損傷(cohesion failure)と呼んで区別している[21]。

皮膜が剥離したときは,まず,① 深さ方向のどの部位で剥離が発生しているかを観察し,損傷発生の機構を考察する,② そのような損傷をもたらす可能性のある試験方法および試験条件を探索して試験を行ってみる,③ その損傷の発生を抑制するアイデアを考案し,効果の有無を実験によって確認する,という流れで解決を図るのがよい。これらは事例ごとに試行錯誤で調べるしかないが,損傷発生は単純でないことが多く,密着性試験を行う以前に,問題の生じた試料をよく観察して,損傷発生の機構を調査することが重要である。

4.3.4 密着性の力学的測定方法

密着性の力学的評価法[23),24)]の中で,よく利用されている試験方法につぎの

ようなものがある。

〔1〕 **碁盤の目試験**[25] クロスカット試験ともいい，代表例では，皮膜試料に1mm間隔で長さ20mmの刻み線を縦横各11本，碁盤目状に入れたあと，粘着テープを貼り付けて引き剥し，剥離したマス目の数を数える試験法である。刻みを入れる作業で膜および界面に大きな負荷を与えるので，結果は刻み線の入れ方に強く依存する。最近は，刃先の管理や荷重負荷に精密な機械制御が可能となり，試験の信頼性が大幅に向上してきた。損傷発生の確率だけでなく，剥離箇所の並びや分布から基板の汚れがあぶり出されることもあり，工程管理にも役立つ。この試験にパスすれば日常的使用に十分な密着性があると考えてよい。なお，硬質膜での碁盤目試験では，刻みを入れる段階で損傷が発生していることが多く，刻みを入れるのに適した試験条件を引っかき試験によって検討すると，より効果的な密着性診断が可能となる。

〔2〕 **引張試験** 接着剤を介して作用棒（stud, rodなどと呼ぶ）を皮膜に接着し，棒を引っ張って膜を引き剥がす試験法である（図4.24）。薄膜に対して垂直方向に棒を引っ張る[26]ほかに，水平に棒を引き倒す方法（topple test）がある[27]。試験後の試料を見ると薄膜，基板の界面で剥離していないものもある。結果を整理するときに，膜と基板の間で剥離した試料についてのみ集計することに注意しなければならない。

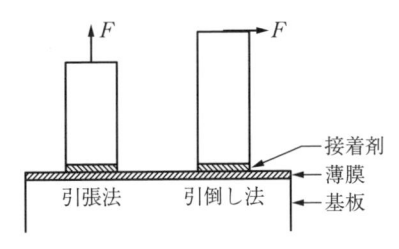

図4.24 引張試験の原理

〔3〕 **押込み試験** 膜厚の数倍以上の先端径を持つ硬い球状圧子を押し付けて，薄膜を破砕したり界面で剥離させたりする試験法である[28]。基板が押込みによって塑性変形する場合は，押込み痕の周縁部における垂直応力やせん断応力が膜の剥離する原因となる。ハードコーティングで膜厚が数μmある場合には，剥れた薄片を基に界面の靭性，ひずみエネルギー解放率を推算する試みも提案されている[29]。

〔4〕 **スクラッチ試験**[30] とがった圧子を膜表面に押し付けながら横に

移動させ（＝引っかいて）密着性を調べる試験法で，強い密着性を持つ試料でも破壊できる点で優れている。圧子荷重を増やしながら引っかき，膜が損傷した臨界荷重をもって密着性の指標とする方法が最も一般的である[31]。それ以上の解析に踏み込めない理由として，試料によって起きる損傷形態が違うこと，さらに試験条件によっても変わることがあり，一つの解析法で解釈しきれない点が挙げられる。損傷様式によって，圧子の側方で発生するせん断応力[32]，圧子前方直下に生じるせん断応力[33]，界面エネルギー[34]の求め方が提案されているので，損傷形態を観察しながら積極的に検討してみたい。また，圧子先端径，荷重印加速度，水平移動速度などの試験条件によって結果が変わることがあり[35]，解析が容易でない反面，その皮膜，基板系の力学応答をより深く知る手掛かりになる。

4.3.5 押込みおよびスクラッチ試験の力学

スクラッチ力学の出発点は，球体の押付けによって生じる弾性応答のひずみ場であり，この領域の大きさと荷重増加に伴う広がりの変化を理解することが見通しをよくする。試料側を半無限の弾性体（s）として半径 R の球状圧子（i）が荷重 L で押し付けられたとき，両者はヘルツ（Hertz）半径 r_H

$$r_\mathrm{H} = \left\{ \frac{3LR}{4} \left(\frac{1-\nu_\mathrm{s}^2}{E_\mathrm{s}} + \frac{1-\nu_\mathrm{i}^2}{E_\mathrm{i}} \right) \right\}^{1/3} \quad (4.20)$$

の領域（ヘルツの接触円）で接触する（**図4.25**）。E，ν は s，i それぞれのヤング率とポアソン比である。ダイヤモンドのように硬い素材の球状圧子を用いると，ひずみは主として試料側に生じる。試料側でひずみエネルギー密度が最大になるのは，接触円の下方でヘルツ半径の半分程度の深さ～ $0.5 \times r_\mathrm{H}$ である[36]。

この押し込んだ硬球を水平に移動させるのがスクラッチで，接触円の内側の界面に摩擦係数に比例するせん断力が作用することになる。基板が弾性応答をする範囲で最大ひずみは少し増えるが，発生位置はスクラッチ前方に多少ずれ

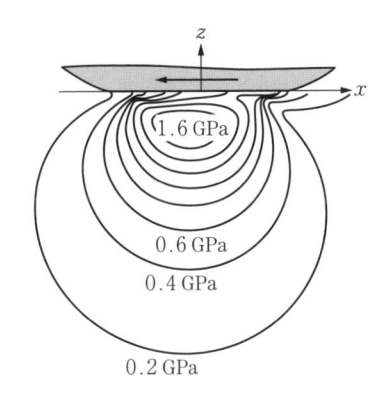

図4.25 $R=15\,\mu\mathrm{m}$ のダイヤモンド球圧子を $L=15\,\mathrm{mN}$ で $E_\mathrm{S}=1.3\times 10^{11}\,\mathrm{N/m^2}$，$\nu=0.28$ の基材に押し付けたときのミーゼス（von Mises）の応力場の分布[36]。ヘルツの接触半径は $r_\mathrm{H}=2.0\,\mu\mathrm{m}$。

る程度で，その深さに大きな変化はない。むしろ，試料表面や圧子先端部の凹凸，試料上の外来の塵芥(じんかい)は致命的な応力集中をもたらす。これは，スクラッチ試験に限らず，実用時に起きる損傷発生の原因となる。

4.4 薄膜の内部応力

4.4.1 薄膜の力学

固体の微小体積要素に作用する力は，一般に6個の応力成分で表す必要がある。しかし，薄膜など薄い板では厚さ方向の応力成分は無視できる（$\sigma_{zz}=\sigma_{yz}=\sigma_{xz}=0$）ので，膜面を xy 平面（$=z$ 面）としたとき，σ_{xx}，σ_{yy}，σ_{xy} の3成分だけを考えればよい（図4.26）。ここで，応力とは単位面積当りの力を意味し，単位は $\mathrm{N/m^2}$ である。また，σ_{xx} とは，x 軸に直交する面（x 面）に対して x 軸方向に作用する垂直応力であり，σ_{xy} は x 面内で y 方向に作用するせん断応力である。体積要素の変形

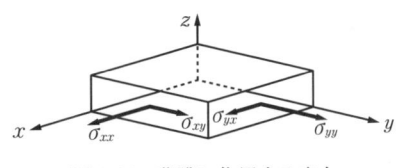

図4.26 薄膜に作用する応力

の程度を表すひずみテンソルの6成分も，薄い板では ε_{xx}，ε_{yy}，ε_{zz}，ε_{xy} だけを考えればよい。この ε_{xy} は工学的せん断ひずみ γ_{xy}（$=\tan\theta$）と，$\varepsilon_{xy}=\gamma_{xy}/2$ の関係にある。ひずみは無次元である。

等方的な弾性体材料として，ヤング率 E とポアソン比 ν を用いると，これらの応力とひずみ成分の間には，広義のフック（Hooke）の法則

$$\sigma_{xx}=\frac{E}{1-\nu^2}(\varepsilon_{xx}+\nu\varepsilon_{yy}), \quad \sigma_{yy}=\frac{E}{1-\nu^2}(\nu\varepsilon_{xx}+\varepsilon_{yy}), \quad \sigma_{xy}=\frac{E}{1+\nu}\varepsilon_{xy} \tag{4.21}$$

が成り立つ。ひずみについて書き直せば

$$\varepsilon_{xx}=\frac{1}{E}(\sigma_{xx}-\nu\sigma_{yy}), \quad \varepsilon_{yy}=\frac{1}{E}(-\nu\sigma_{xx}+\sigma_{yy}), \quad \varepsilon_{zz}=-\frac{\nu}{E}(\sigma_{xx}+\sigma_{yy}) \tag{4.22}$$

となる。これより，基板や結晶格子のひずみと応力との関係が解析できる†。さらに，内部応力やひずみに異方性がない，$\sigma=\sigma_{xx}(=\sigma_{yy})$ と $\varepsilon_{xx}(=\varepsilon_{yy})$，$\varepsilon_{zz}$ とすると

$$\sigma(=\sigma_{xx}=\sigma_{yy})=\frac{E}{1-\nu}\varepsilon_{xx}=-\frac{E}{2\nu}\varepsilon_{zz} \tag{4.23}$$

が導かれる。

ここまで応力を3成分で表示したが，本来は $\sigma_{ij}: i, j=(x, y, z)$ を要素とする3行3列の行列 $\{\sigma\}=(\sigma_{ij})$ で表されるテンソル量（ただし，$\sigma_{ij}=\sigma_{ji}$）であり，基板面から傾いた結晶面に作用する応力 $\boldsymbol{\sigma}_n=(\sigma_{nx}, \sigma_{ny}, \sigma_{nz})$ を知りたいとき，その面を法線ベクトル $\boldsymbol{n}=(n_x, n_y, n_z)$ によって指定すれば

$$\boldsymbol{\sigma}_n^{\mathrm{T}}=\{\sigma\}^{\mathrm{T}}\cdot\boldsymbol{n}^{\mathrm{T}} \tag{4.24}$$

の式からただちに計算することができる[37]。ここで，n_x, n_y, n_z は法線ベクトルの方向余弦である。右肩の T は行・列の転置を意味する。

4.4.2 基板の変形から求める内部応力

気相から固相に原子を凝縮させるドライプロセスの技術では，液相からの結晶成長と異なり，温度が低いことと堆積速度が速いために，入射原子が真の安定席に落ち着く前に固定されてしまう。そして，極低温でもないために，表面

---

† 基板表面として結晶の微斜面（vicinal plane）を用いた場合や，原子が斜めに入射する場合などは，内部応力に面内異方性が生じやすい。

付近の原子配置はより安定な構造に向かってわずかずつ再構成されるので，成長前線の後方にはつねに一定のひずみが残ることになる。このひずみは，金属材料に見られる残留応力と同じように，膜に内部応力をもたらす。

内部応力には，膜が縮む方向に作用する引張性（**図 4.27**，符号を正にとる）と膜が膨張するように作用する圧縮性（符号を負にとる）とがあり，膜材料や製膜技術，成膜条件によってさまざまに変わる。膜の内部応力の基板に対する効果は，膜厚方向に積分した"全応力" S（単位は〔N/m〕）として出現する。基板の変形量から全応力を求め，皮膜の厚さ t_f で割ると内部応力 $\sigma = S/t_f$（単位は〔N/m^2〕）が求まる。

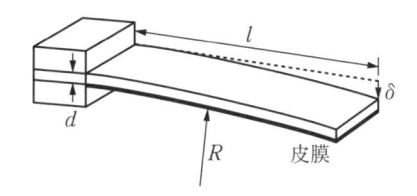

図 4.27 片持ばり基板。皮膜に引張性の内部応力がある場合のたわみ。

測定用の基板は，Si や SiO$_2$（水晶）の結晶ウェーハやマイクロシートガラスの 50～300 μm 厚の板から短冊あるいは円板を切り出して使う。微細加工施設を備えた研究環境があれば，Si ウェーハ上に短冊の片持ばりを形成させることも可能である。

平坦な薄板基板の片側表面に応力 S が作用することで，基板は弧状にたわむ。基板（ヤング率：E，ポアソン比：ν）の厚さを d として，薄膜の膜厚が基板より十分に薄い（$t_f \ll d$）場合，膜の全応力 S は，たわんだ曲面の曲率半径を R から

$$S = \sigma \cdot t_f = \frac{Ed^2}{6(1-\nu)R} \tag{4.25}$$

によって求められる[37]。

曲率半径はレーザー干渉計などで直接に測定することもできるし，触針式あるいは光切断式の表面粗さ計を用いて求めることもできる。長さ l の短冊基板をカンチレバー（片持ばり）として保持して自由端の変位 δ を監視する場合，曲率半径は $R \simeq l^2/2\delta$ の式から求められる。式 (4.25) はストーニー（Stoney）の式と呼ばれる。

図4.28は，石英基板上にTiC膜を電子ビームで蒸着したときの基板のたわみをその場観察したものである。セラミック系の薄膜の内部応力は膜厚によってほとんど変わらない。基板温度を高めると内部応力はやや減る。全応力が途中から低下したのは，内部応力のために膜にひびが入って，たわみが緩和したことを示している。基板温度 $T_s=65℃$ における TiC 膜の内部応力は $\sigma=0.80$ GPa と非常に大きい。基板温度を上げると内部応力はやや下がり，膜自身の靭性も向上している。

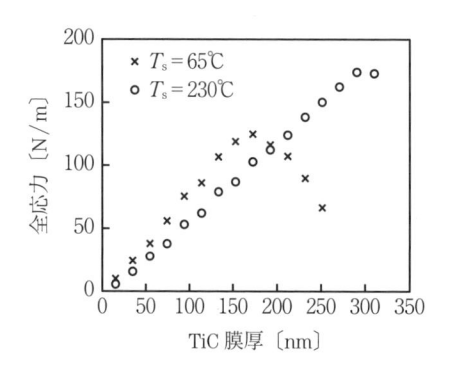

図 4.28 電子ビームで蒸着した TiC／石英基板に生じた引張性内部応力。片持ばり基板のたわみ（全応力）の"その場"（*in situ*）観察。途中で低下したのは，膜にひびが入ったため。基板温度 65℃ で $\sigma=0.8$ GPa，230℃ で $\sigma=0.6$ GPa。

4.4.3 格子ひずみから求める内部応力

〔1〕**基本測定**　薄膜が微結晶でできている場合には，X線回折による格子面間隔の測定から内部応力を測定することができる[38]。気相成長させた薄膜では，非晶質である場合を除き，どれかの結晶面が基板面に平行に堆積しているので，粉末X線回折の装置構成のまま薄膜試料の測定を行えば，表面に平行な結晶格子面の面間隔がわかる。この方法は回転軸（ディフラクトメータ軸）上にセットされた試料面が入射X線に対して角度 θ をなすように回転され，これと同時に検出器の方角を 2θ に保つように回転させるので $\theta-2\theta$ スキャンと呼ばれる。X線の波長を λ として，回折波が観測されるブラッグ（Bragg）角 2θ を読み取れば，格子面間隔は $a=\lambda/(2\sin\theta)$ から計算される（**図 4.29**）。

無ひずみ（＝無応力）時の格子面間隔を a_0 とすると，膜厚方向のひずみは

4.4 薄膜の内部応力　　167

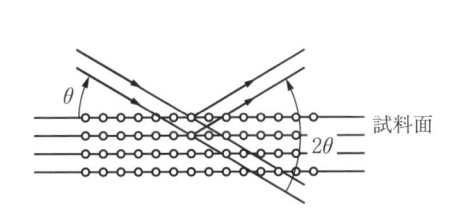

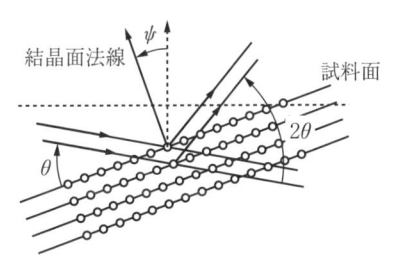

　　　　（a）表面に平行な結晶面　　　　　（b）表面とψだけ傾いた結晶面

図 4.29 表面に平行な結晶面と傾いた結晶面からのブラッグ反射

$\varepsilon_{zz} = (a - a_0)/a_0$ と表されるので，内部応力は式 (4.23) より

$$\sigma = -\frac{E_f}{2\nu_f} \cdot \frac{a - a_0}{a_0} \tag{4.26}$$

と求められる。ここで E_f および ν_f は薄膜のヤング率とポアソン比である。無ひずみ時の面間隔 a_0 としてはバルク値を採用してもよいが，多結晶薄膜には構造欠陥が多いので，式 (4.26) による内部応力測定で誤差を生む原因となる。

　これを避けるには，同じ結晶格子面で表面に平行でないものの面間隔を測定すればよい。内部応力があれば，結晶面の面間隔は傾きの程度によって変わるからである。その測定は粉末 X 線法で回折波の現れる $\theta - 2\theta$ の配置において，薄膜試料を回転軸の周りに傾けるだけでできる。角度 ψ だけ傾いた格子面に作用する応力は，式 (4.26) から求められる。この結果，結晶面の面間隔 $a(\psi)$ が

$$\frac{a(\psi) - a_0}{a_0} = \frac{1 + \nu_f}{E_f}\left(\sin^2\psi - \frac{2\nu_f}{1 + \nu_f}\right)\sigma \tag{4.27}$$

の式で与えられることがわかる。したがって，ある hkl 面の格子面間隔 $a(\psi)$ をいくつかの ψ で測定し，横軸を $\sin^2\psi$ とするグラフにプロットすれば，① 横軸の $\sin^2\psi = 2\nu_f/(1+\nu_f)$ における直線の値が a_0 を与え，② 直線の勾配が $(1+\nu_f)\sigma a_0/E_f$ であることを使うと，σ を決定することができる。

　図 4.30 に測定例[39]を示すが，TiN のヤング率 $E_f = 6.4 \times 10^{11}\,\mathrm{N/m^2}$ およびポアソン比 $\nu_f = 0.2$ の値を用いると，$a_0 = 0.424\,\mathrm{nm}$ と圧縮性の内部応力 $\sigma = -2.1$

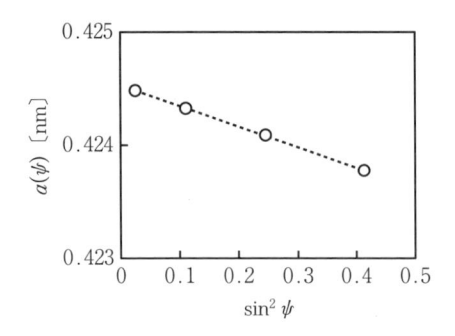

図 4.30 $a(\psi)$ 測定による内部応力決定

$\times 10^9 \mathrm{N/m^2}$ の値が得られる。

薄膜はランダムな方位の粉末多結晶とは異なり，高品位の膜ほど強い配向性がある。この場合，Laue の回折条件[40]は任意の入射角で満たされないので，膜の構成要素として主体でない結晶の信号が強い強度で検出されてしまうことがある。定量性まで追求すると極点図測定を行うしかないが，上の $a(\psi)$ 測定でも注意深く行えば誤診を減らすことができる。$a(\psi)$ 測定を結晶配向に注目して行う場合，θ スキャンあるいはロッキングカーブ測定と呼ぶ。

〔2〕 **応用測定** X 線の波長域では通常の物質の屈折率は 1 以下になるので，基板面すれすれの角度（視射角にして 0.2～0.6°）で X 線を入射させると基板に対して X 線の全反射が起こり，基板材料からの回折波に乱されずに薄膜からの回折信号を取り出すことができる。この"すれすれ入射（glazing incidence）"の手法は"薄膜モード"と呼ばれ，ピークの半値幅の精密な測定に利用される。半値幅から内部応力を求める方法に Hall プロットと呼ばれる方法がある[41]。薄膜モードのうち，特に試料面に垂直な格子面からの回折波を測定する方式を in-plane 測定と呼ぶ†。この場合，薄膜表面を拡張した平面内で X 線検出器が試料の周りを回転させるので，表面に垂直な格子面の面間隔 a (90°) を測定することになる。すなわち式 (4.22) の $\psi=90°$ に相当し，内部応力は

$$\sigma = \frac{E_f}{1-\nu_f} \cdot \frac{a(90°)-a_0}{a_0} \tag{4.28}$$

から求められる。なお，無ひずみ状態の面間隔 a_0 は別に求める必要があるの

---

† これに対して，粉末 X 線法の配置のように，回折波の生じる結晶格子面の法線が薄膜面内にない測定系を out-of-plane 測定と呼ぶ。

で，上述の基本測定を行う必要がある．また，薄膜モードにおいて薄膜試料を入射 X 線ビームの周りを回転させることによって，$a(\psi)$ 測定を行う方法も提案されている[42]．

4.4.4 真性内部応力と熱応力

異種の板材が接合されている場合，材料間の熱膨張係数 α の差によって，熱応力が発生する．薄膜が基板より十分に薄いとき（$t_f \ll d$），薄膜中に生じる熱応力は

$$\sigma_T(T) = -\frac{E_F}{1-\nu_F}(\alpha_F - \alpha_S)(T - T_S) \tag{4.29}$$

で与えられる．熱応力に対して構造欠陥による応力を真性内部応力（真応力，intrinsic stress）と呼び区別するが，生じる力学効果に差異があるわけではなく，熱応力と真応力とは区別できない．測定上は，薄膜試料を温度変化させて内部応力を測定し，温度変化に比例して生じる場合に，製膜時の基板温度を T_S にとって，式 (4.27) で与えられる量を熱応力とする．熱応力の重要な特性はその温度係数 $\Delta\sigma_T/\Delta T$ であり，$-E_F(\alpha_F - \alpha_S)/(1-\nu_F)$ が記録として残すべき熱応力の特性値である．

4.5 薄膜の摩擦・摩耗評価と硬度測定

4.5.1 摩　　擦

接触している二つの固体が相対的にすべりやころがり運動するとき，その接触面でこれらの運動を妨げる方向の力が生じる．この力が摩擦力である．図 4.31 に二つの硬質な固体材料がすべり接触する際の摩擦の概念を示す．

接触界面にはコーティング膜や潤滑油などの潤滑層が存在しているが，それが切れて固体接触を伴う境界潤滑となる場合も想定している．図中に示したように，摩擦係数は，最終的には $\mu = s/H$（s：摩擦部のせん断力，H：硬さ）と定性的に表現できる．すなわち，摩擦係数は摩擦接触する材料の硬さに反比例

170　4. 分 析 と 評 価

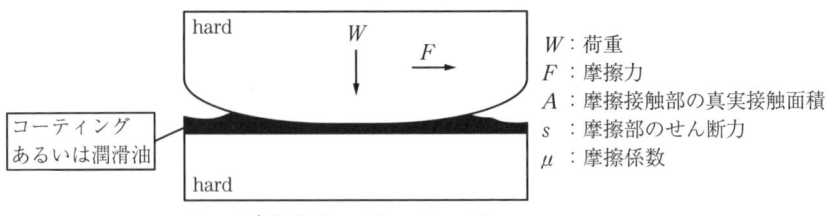

$F=sA$ または $F=\mu W \rightarrow sA=\mu W$
$\rightarrow \mu = sA/W \rightarrow \mu = s/H$ (H: hardness $= W/A$)

W：荷重
F：摩擦力
A：摩擦接触部の真実接触面積
s：摩擦部のせん断力
μ：摩擦係数

図 4.31　摩擦のメカニズム

することになる。このことは，摩擦接触界面のせん断に要する力が同じであれば，接触する固体の硬さが大きいほど摩擦係数は小さくなる。このことから硬質材料どうしの摩擦接触では摩擦係数が小さくなることが理解できる。

　このようなすべり摩擦を測定する方法の中でも，代表的な方法をまとめて図 4.32 に示す。図 (a) のピンオンディスクは回転するディスクにピンを押し付けるタイプのものであるが，プレートにピンを押し付けるタイプ (ピンオンプレート) もある。最も多用されている摩擦試験法である。単純な摩擦特性を測定するときに使用する。押し付けるピンの先端を球状にすることが多く，ピンの支持系の変位を測定して摩擦力を測定する。このような試験法は構造が単純であり，荷重や摩擦速度などを広範囲に変えることができる。図 (b) はスラストシリンダと呼ばれるもので，その構造は回転試験片を保持するホルダ，それを回転させる駆動装置などから構成される。紛体などの固体潤滑剤を含有したものや塗布した試験片を評価するときに用いられることが多い。図 (c) のブロックオンリングは，回転運動を模して，軸受の一部として評価したい場合

(a)　ピンオンディスク　　(b)　スラストシリンダ　　(c)　ブロックオンリング

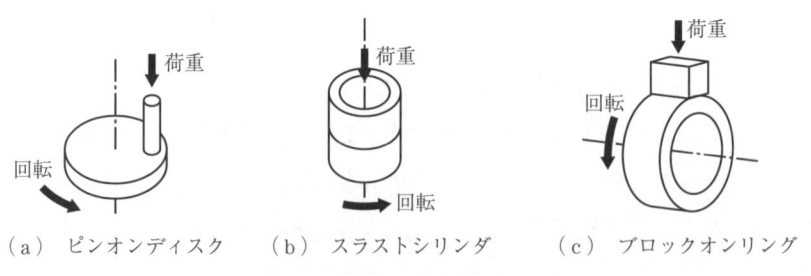

図 4.32　代表的なすべり摩擦試験方法の概略図

に用いられる。より詳しくは参考文献 43)〜47) を参照されたい。

4.5.2 摩　　　耗

摩耗とは，二つの固体が接触してすべりやころがり摩擦運動をするとき，それらの固体の表面からつぎつぎと材料が除去されていく材料損失のことである。これには，原子・分子レベルから，自動車のエンジン，車体とタイヤ，さまざまな軸受，人工関節なども含み，一般工業製品にとどまらずナノからバイオに至るまでの幅広い領域にまたがる摩擦に起因する現象である。摩耗の評価は，図に示した摩擦試験を実施し，適当な時間を経過したのち，各種の摩耗量を測定して行う。摩耗量としては，① 摩耗による形状の変化（摩耗痕の大きさ，断面形状など），② 重量の変化，などを測定することが多い。

摩耗にはいろいろな要因が影響するため，その現象の理解は難しくなる。摩耗の現象を整理すると，① アブレッシブ摩耗（abrasive wear），② 凝着摩耗（adhesive wear），③ 疲労摩耗（fatigue wear），④ 腐食摩耗（corrosive wear）の 4 種類に大別され，それぞれにおいて摩耗理論が提唱されている。**表** 4.3 に，これらの摩耗形態をまとめて分類する[44]。

表 4.3　摩耗形態の分類

① **アブレッシブ摩耗**	硬い突起や硬質な粒子によって摩擦材料が削り取られることによって起こる摩耗
② **凝着摩耗**	摩擦力によって摩擦接触部どうしが凝着することに起因する破断から生じる摩耗
③ **疲労摩耗**	摩擦接触部での繰返し応力などによって生じるピッチングやフレーキングなど疲労破壊に起因する摩耗
④ **腐食摩耗**	雰囲気や潤滑剤の表面腐食作用および腐食生成物などの除去によって起こる摩耗

このほか，フレッティング摩耗，エロージョン摩耗，キャビテーションエロージョンなど特殊な摩耗形態もある。

このように摩耗が分類されてはいるものの，摩耗現象は理論的に単純化できる現象ではなく，実験的に確認する作業が必要であることから，一般的には理論から摩耗を予測することは難しい。さらに本書で取り扱う薄膜（コーティン

グ膜）を形成した部材では，基板からの摩擦剥離や割れ脱離などの現象が生じていることも多く，単純に摩耗とするには問題を含む場合も多い。なお，繰り返し運動を行う摩擦においては，摩擦初期の摩耗率の高い摩耗を初期摩耗といい，その後の摩耗率が低く安定した摩擦係数を示す領域の摩耗を定常摩耗と呼ぶ。

以下に，前記した4種類の摩耗形態についてより詳しく述べる。なお，摩耗形態の分類には，これら以外に微小な振幅・周期で振動運動する接触面で起こる特異な損傷であるフレッティング摩耗，粉体の衝突によって生じる損失であるエロージョン摩耗，さらにキャビテーションによって引き起こされるキャビテーションエロージョンなど特殊な形態もあるが，ここでは割愛する。摩耗についてより詳しくは参考文献43)～47)を参照されたい。

アブレッシブ摩耗は，硬い材料側の突起や摩擦面に介在する硬質な粒子，あるいは摩擦材料に含まれる硬い含有物による切削作用などで相手材の摩擦面表層が削り取られることによって生じる。ほかの摩耗に比べ，激しい形態の摩耗である。例えば，エメリー紙に各種金属をこする場合のような摩耗を2元アブレッシブ摩耗と，金属どうしの摩擦面に硬質の遊離砥粒を介在させたような場合の摩耗を3元アブレッシブ摩耗と呼んだりする。一般にこの摩耗は材料表面を硬くする（硬質膜を被覆する）ことによってその程度を抑制することができる。後述する凝着摩耗の場合には，材料が異なると硬さと摩耗量との間にはほとんど相関は見られないが，アブレッシブ摩耗の場合には，2元アブレッシブ摩耗，3元アブレッシブ摩耗ともに，摩擦材料表面の硬さが大きくなると摩耗量が減少する。また，この硬質粒子先端の角度が浅いと摩耗は大きくなる。さらに，アブレッシブ摩耗の場合には潤滑剤が存在すると摩耗を増大させることがある。

凝着摩耗は，摩擦せん断力によって真実接触面の吸着層が引き剥がされ，そこに露出した清浄面で強く凝着が生じたのち，相対運動によって引き離される際に凝着部周辺からの破断が起こり，その結果進行する摩耗である。さらに移着や破断を繰り返し，破断された部分は摩耗粉として排出される。凝着の起こ

る真実接触部の塑性流動圧力の高い，すなわち硬い表面ほど接触面積は小さくなり，結果として凝着が起こる割合が減るために凝着摩耗は減少すると考えられる。また，相互に固溶しにくい材料を選定すれば，この摩耗を小さくすることができる。実際の凝着摩耗の機構は複雑であることから，すべり摩耗と総称されることもある。摩擦面間で激しい凝着を生じ，大きな移着や，その破断によって粒径の大きな摩耗粉を発生する摩耗率の高い摩耗をシビヤ摩耗ということがある。一方，摩擦面が滑らかなすべり面となり，微細な摩耗粉（数 μm 以下）の発生を特徴とする摩耗率の低い摩耗をマイルド摩耗とも呼ぶ。

疲労摩耗は，摩擦接触部において繰返し応力が作用するときに接触面表面でのクラックあるいは表層下で発生するクラックが進展し，それが合体して表面損傷となり脱落する，いわゆる疲労破壊することによって生じる摩耗である。特に表層下において摩擦接触により最大せん断応力が作用する面に不純物やボイドなどの欠陥があると，そこを起点としてクラックが発生しやすく，摩耗につながる。この摩耗形態のことを疲れ摩耗とも呼ぶ。この摩耗はころがり接触下で発生しやすく，ころがり疲れによる表面損傷がこの摩耗の代表的な現象である。また，すべり接触下において凝着部分を起点として表層下に破壊が生じ，それらが合体して薄層状の摩耗となる疲労メカニズムが提唱され，この疲労摩耗現象を特にデラミネーション摩耗と呼ぶことがある。

腐食摩耗は，摩擦表面が気体や液体潤滑剤などと化学反応を起こし，生成した機械的強度の低い反応生成物が，摩擦によって比較的容易に表面から取り除かれることにより起こる摩耗である。前記したアブレッシブ摩耗や疲労摩耗は摩擦面に働く機械的な応力の相互作用に起因する摩耗であるが，この摩耗は摩擦雰囲気との化学反応速度に関係する。それゆえ化学摩耗とも呼ばれる。代表的な酸化摩耗は，摩擦により形成された活性な新生面が雰囲気と反応してもろい酸化物を形成し，摩擦運動により削り取られ脱落することによって摩耗となる。その結果，また新しい新生面が露出して反応が繰り返される。酸化物は硬脆体であるため，この摩耗粉が摩擦面にアブレッシブとして作用するためにさらに摩耗が増大する。しかし，例えば硫化物のように破壊せん断応力が低く展

延性のある化合物が生成する場合は,これが摩擦面の損傷を保護して摩耗が少なくなる場合もある。いずれも反応物が生成する速さが全体の摩耗速度を律速する。しかし,反応物の生成が追いつかない場合には凝着摩耗に遷移することが多い。この摩耗を生じさせる腐食反応は,静的環境下での腐食反応に比べその反応速度が速いことが特徴的である。そこで,この特異的な化学反応のことをトライボケミカル反応と呼んでいる。

以上述べてきた摩耗のいずれの場合も,摩耗は真実接触部における材料の一部が,ある割合で脱落などによって排出されることにより生じる。そこで,単位摩擦距離(L)当りの摩耗体積(V)を摩耗率(V/L)として

$$V/L = kA\xi \tag{4.30}$$

で表される。ここで,A は真実接触面積,ξ はそれぞれの摩耗メカニズムに特徴的な厚さを示し,これらが脱落の確率因子 k との積で表される。この摩耗率は与えられた摩耗系での摩耗の進行速度を評価するときに用いられる。

また,摩耗量を表現する指標として,摩擦荷重(W)が明らかな場合に,単位荷重,単位摩擦距離当りの摩耗体積で示すことがある。これを比摩耗量(W_s)と呼び,式 (4.31) で定義される。

$$W_s = V/WL \tag{4.31}$$

この値は,異なる試験条件,異なる材料間の耐摩耗性の比較に有効で,最もよく用いられている。一般的な耐摩耗性膜の評価では,〔mm^3/Nm〕なる単位で表現される場合が多い。

4.5.3 硬質膜の摩擦・摩耗特性

材料の観点から硬質膜の摩擦・摩耗特性を概観する。機械部品の性能向上には,摩擦損失の低減と長寿命化が重要な課題となっている。特に,表面に優れた摩擦・摩耗特性を付与させるためのトライボコーティング[†]の開発が重要視

[†] 二つの物体が互いにすべり合うような相対運動を行った場合に相互作用を及ぼし合う接触面に関連する現象についての科学技術をトライボロジー(tribology)と呼び,このトライボロジー特性に優れるコーティングをトライボコーティングと呼ぶ。

され，これまでに実用化されている，あるいは開発が進められているトライボコーティング材料を，構成元素の原子番号（化合物の場合は原子番号の大きい元素）を軸として，耐摩耗性を示す指標である硬さについてまとめたものを図4.33に示す[48]。図からダイヤモンドを最大として，原子番号が大きくなるに従い硬さが減少することがわかる。実用化しているトライボコーティングの代表はTiやCrといった金属の合金膜であるが，硬さは最大で35 GPa程度である。これに対し，原子番号が5～7の軽元素（B，C，N）によって構成される材料には，ダイヤモンドを筆頭に，立方晶窒化ホウ素（c‐BN）やDLC（これには硬さが大きいta‐C（ta‐C：H）から比較的柔らかいa‐C：Hなどを含む），さらにグラファイトや六方晶窒化ホウ素（h‐BN）などが含まれる。これらの材料群ではおおよそ5～100 GPaの間の幅広い硬さの分布がある。そこでこれら軽元素で構成される材料を適宜使い分けることにより，各種のトラ

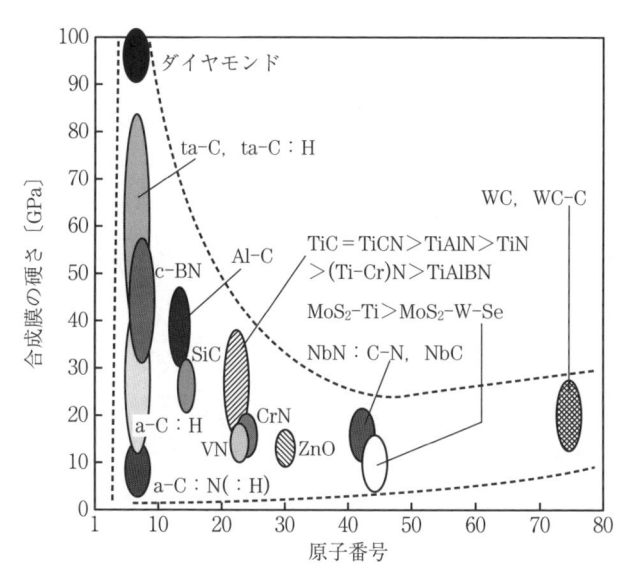

図4.33 各種トライボコーティングの原子番号と硬さ[48]（図中のそれぞれの物質の縦方向の広がりは，組成・組織や混入不純物の差異による硬さの分布を意味し，横方向の広がりは意味を持たない。化合物の場合は原子量の大きい原子で代表している）

イボロジー用途に応じて任意の硬さを有する摩擦材料の選択が可能となってくる。すなわち，B-C-Nの相図を考えると，前記したように超硬質材の代表であるダイヤモンドやc-BNが含まれ，さらにこれらにはグラファイトやh-BNといった固体潤滑性を持つ同素体もあり，これらをうまく組み合わせれば，近年応用展開が進んでいるDLC膜よりも優れたトライボコーティングが合成できる可能性がある。

4.5.4 ナノインデンテーション

薄膜の厚さは，一般的には，厚くても数μm程度である。この程度の厚さの材料の硬さを正確に測定することは，通常の硬さ試験機では困難である。通常の硬さ試験では，材料の硬さにも依存するが，数mN程度の小さな荷重を加えた場合であっても圧痕水平方向サイズは数十μm程度であり，圧痕の深さも数μm程度となる。これでは薄膜の測定結果には基板の影響が大きく現れ，膜固有の評価は難しい。そのため，さらに低荷重の硬さ試験を行わなければならない。このような試験では押込み荷重をμNオーダーで制御し，そのときの圧子の試料への侵入深さをnmの分解能で測定しなければならない。このため，このような微小な荷重域で測定する方法をナノインデンテーション（nanoindentation）または超微小押込み試験，あるいは測定原理を強調してdepth sensing indentationなどと呼んでいる。

ナノインデンテーション試験では圧痕の大きさが1μm以下であるため，光学顕微鏡では十分な測定精度が得られない。そのためnmレベルの測定精度を持つ垂直変位計を用いて圧子が試料へ侵入する深さを測定する方法が採用されている。また，押込み荷重に対応する押込み深さを負荷開始から除荷までの全領域にわたり連続的に情報を取って材料の変形挙動を求めることになる。特に，除荷過程は材料の弾性的な挙動も反映していることから，ここから材料の弾性定数（ヤング率など）を求めることもできるという特徴がある。これまで開発されてきた最も一般的な圧子の駆動機構は，永久磁石とフォースコイルから構成される電磁力を利用する方式が主流である。この方法は，コイル電流値

によって荷重を制御するため高い分解能を実現でき,かつ負荷荷重範囲が広いことが特徴である。なお,詳細については参考文献49)〜51)を参照されたい。

より具体的に説明する。この試験ではダイヤモンドを用いた先端形状が正三角錐形状(ベルコビッチ型)の圧子を用いることが多い。膜の硬さは,この圧子を膜の表面に押し込み,そのときの圧子にかかる荷重 P と圧子負荷時の接触面投影面積 A から求められる。図4.34に正三角錐圧子の膜への押込み状態の模式図を示す。

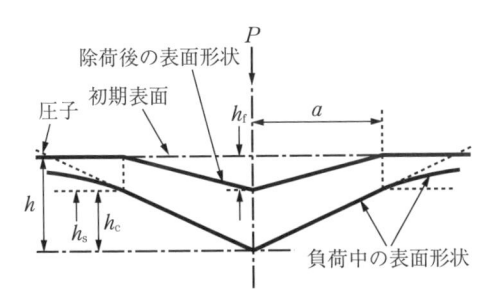

図4.34 ナノインデンテーション試験における圧子の膜への押込み状態の模式図[49), 51)]

図4.35にはこのときに得られる典型的な荷重-変位曲線を模式的に示す。圧子が膜表面に接触したのち,設定された最大荷重に達するまで負荷され,最大荷重に達したら同じ速度で徐々に荷重を下げていく。このときの圧子の変位を計測している。図4.35の左側の曲線が負荷曲線(loading curve),右側の曲線が除荷曲線(unloading curve)である。除荷後の荷重0の位置には膜の塑性変形による変位のシフト(図4.34,図4.35のそれぞれ h_f に相当)が認められる。

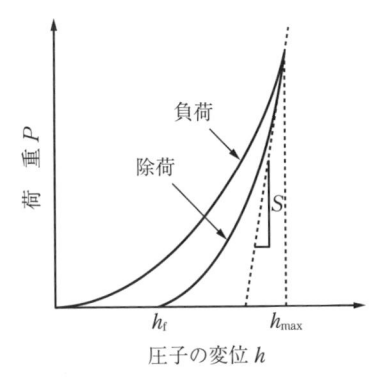

図4.35 ナノインデンテーション試験における典型的な荷重-変位曲線の模式図[49), 51)]

接触深さ h_c は,図4.34に示すように接触点周辺の膜表面の弾性変形により生じる凹みのため,全体の押込み深さ h より小さくなり,式(4.32)となる。

$$h_\mathrm{c} = h - h_\mathrm{s} \tag{4.32}$$

ここで，h_s は接触点周辺における表面の変位を表す。

h_s は圧子の押込み後の荷重曲線の勾配（図 4.35 の除荷曲線勾配：S）で示される接触剛性 S（stiffness）と，圧子形状から，式 (4.33) で表される。

$$h_\mathrm{s} = \varepsilon \times \frac{P}{S} \tag{4.33}$$

ここで，ε は圧子形状に関係する係数であり，ベルコビッチ圧子ではその値は 0.75 である。

圧子と膜との間の接触投影面積 A は圧子の幾何学的な形状と接触深さ h_c により求められ，式 (4.34) で表される。

$$A = 24.56 h_\mathrm{c}^2 + f_0(h_\mathrm{c}) \tag{4.34}$$

ここで，$f_0(h_\mathrm{c})$ は圧子先端の曲率により求められる補正項である。式 (4.32) ～ (4.33) を用いて，硬さ H は $H = P/A$ として算出される。

膜の弾性率（ヤング率）は以下のようにして求めることができる。まず，図 4.35 の荷重－変位曲線から求められる接触剛性 S と，圧子と膜試料の複合ヤング率 E_r（圧子と膜の特性が合算された値）との関係は

$$S = \left(\frac{4}{\pi}\right)^{1/2} \times A^{1/2} \times E_\mathrm{r} \tag{4.35}$$

で示される。

さらに，この E_r と膜のヤング率（E_f）との関係は式 (4.36) となる。

$$E_\mathrm{r} = \left(\frac{1-\nu_\mathrm{f}^2}{E_\mathrm{f}} + \frac{1-\nu_\mathrm{i}^2}{E_\mathrm{i}}\right)^{-1} \tag{4.36}$$

ここで，E_i は圧子のヤング率，ν_f, ν_i はそれぞれ膜と圧子のポアソン比である。圧子がダイヤモンド製であると，E_i は 1 050 GPa であり，ν_i は 0.2 となることから，膜のヤング率が決定される。

測定のキャリブレーションについて触れる。圧子は測定回数が増えると先端形状が損耗により変化し，測定結果に影響を及ぼすことが危惧される。圧子作製時の品質のばらつきも予想される。さらに，測定装置の状態によっては結果

の再現性に影響することも考えられる。そこで，このような点を考慮し，物性変化が少なく表面形状がAFMレベルでもフラットである溶融石英を標準試料として用い，キャリブレーション試験を実施し，再現性を確認する。

その結果の一例を**図4.36**に示す。これは最大押込み荷重を徐々に増やし（あるいは減らし）て，連続的に負荷 – 除荷の測定を行ったときの荷重 – 変位曲線を示している。図から荷重を変えても負荷曲線は同一曲線状に並び，さらに各荷重での測定結果（荷重 – 変位曲線）が相似形を示していることが明らかである。このような確認をすることによって得られた結果の信頼性が確保される。

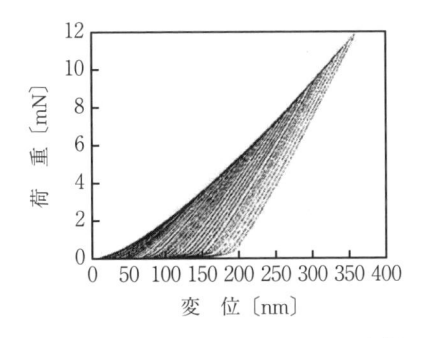

図4.36 各設定荷重でインデントを行い，重ね合わせをした再現性確認のデータ例

近年の原子間力顕微鏡（AFM）などのような走査型プローブ顕微鏡（SPM）技術の進歩により，ナノレベルの微小領域の観察が可能となったことから，SPMのプローブヘッドに特殊な静電容量型トランスデューサーを組み込んだ測定装置が開発され，薄膜の硬さ評価に活用されている[52]。**図4.37**にこのよ

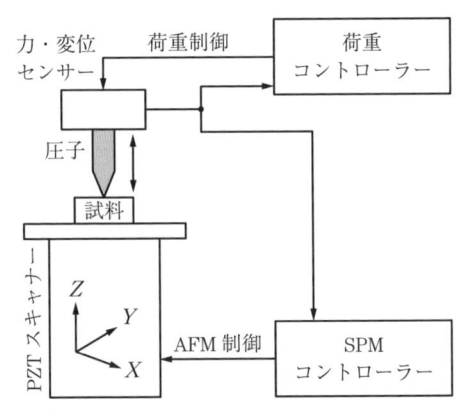

図4.37 SPMを利用したナノインデンテーション試験装置の概略図[52]

うな装置の概略図を示す。この装置は押込み試験と像を観察するプローブを兼用することができるため，nmレベルの高い精度で測定箇所を選定でき，さらに in-situ でインデントと試験後の圧痕周辺の観察も可能である。この観察によって，圧痕の形状，大きさ，深さなどの情報も nm オーダーの分解能で得られるようになった。

4.6. ぬれ性・はっ水性評価

4.6.1 接触角

水平な固体表面に液滴を置くと，液滴がぬれ広がる場合と（図4.38（a）），ある一定の形を維持する場合がある。後者の場合，液滴は表面状態に応じてレンズ〜球のような形になる（図（b）〜（d））。液滴表面は曲面になり，液滴の端点から液滴輪郭曲線に引いた接線と固体表面がある一定の角度を示す（図（c））。この角度を接触角という（水をプローブに使用した場合は水滴接触角という）。また，固体表面上で液滴がほぼ静止した状態で測定した接触角なので静的接触角（static contact angle，以下，θ_S と示す）ともいう。接触角は固体表面の最外層（1 nm 程度）のみの物性を反映しており，表面に関するきわめて重要な情報を提供する。この θ_S という値を用いてぬれ性の善しあしが判断されている。通常，$0°<\theta_S<90°$ の場合を親水性といい（図（a），（b）），特に θ_S がゼロに近い場合を超親水性という（図（a））。$\theta_S>90°$ の場合をはっ水性（図（c））といい，学術的な定義ではないが，特に $\theta_S>150°$ の場合を超はっ水性という（図（d））。

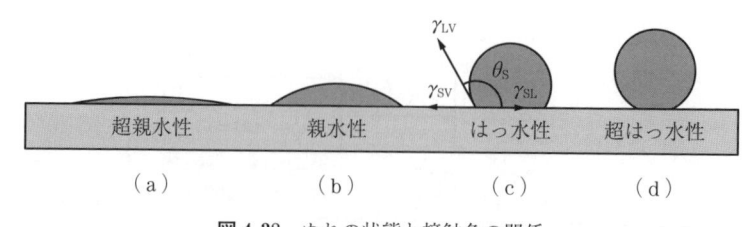

図4.38 ぬれの状態と接触角の関係

平滑な固体表面上でのぬれ現象は図（c）に示すように，固体-液体-気体間の3相が形成する3相接触線（three phase contact line）の単位長さに作用する力の釣合いによって決まり，式(4.37)のように表すことができる。

$$\gamma_S = \gamma_L \cos\theta_S + \gamma_{SL} \tag{4.37}$$

ここで，γ_S，γ_L，γ_{SL} は固体（S）の表面張力，液体（L）の表面張力，固体（S）-液体（L）間に働く界面張力である。この式はヤング（Young）の式としてよく知られている。もともとこの式は，力の釣合いを表す式であったが，いつの間にか「表面張力（力）」から「表面自由エネルギー（エネルギー）」の関係として取り扱われるようになった[53]。表面張力は単位長さ当りに要する力なので単位は〔mN/m〕，一方，表面自由エネルギーは単位面積当りのエネルギーなので単位は〔mJ/m^2〕を用いる。N・m＝Jなので，表面張力の単位である〔mN/m〕の分母，分子にそれぞれ長さの単位であるmを掛け合わせるとm・mN/m・m＝mJ/m^{2}となり，表面張力と表面自由エネルギーは次元としては同じになるからである[53]。接触角を求める最も簡単な方法として$\theta/2$法（half angle method）がある。この方法は，図4.39に示すように，輪郭形状を真円と仮定すれば，接触角（θ_S）と液滴接触半径（r），液滴高さ（h）との間に

$$\tan\left(\frac{\theta_S}{2}\right) = \frac{h}{r} \tag{4.38}$$

の関係が成り立つことを利用している。hとrを実測しθ_Sを求めることができる[54]。

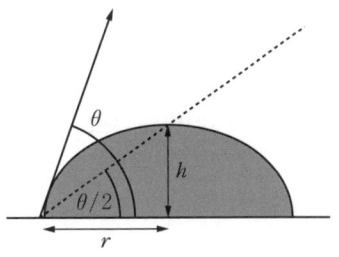

図4.39 接触角の求め方（$\theta/2$法）

4.6.2 表面自由エネルギー[53], [54]

液滴が固体表面に付着する場合を考える。付着により，固体-気体，液体-気体の二つの表面張力は消失し，新たに固体-液体の界面張力が残る。Dupréはこの付着（接着）による仕事W_A（work of adhesion）を式(4.39)で表した。

$$W_A = \gamma_S + \gamma_L - \gamma_{SL} \tag{4.39}$$

W_A は付着により消失した表面張力に相当する．ここで，式 (4.36) と式 (4.38) から Young-Dupre の式 (4.40) が導かれる．

$$W_A = \gamma_L (1 + \cos\theta_S) \tag{4.40}$$

この式からもわかるように，W_A が大きいほど θ_S は小さくなり，固体表面はぬれやすく，また W_A が小さいほど θ_S は大きくなり，固体表面はぬれにくいことになる．さらに，W_A は固体と液体が付着する際の表面自由エネルギーの減少分であることから，Girifalco と Good は W_A を幾何平均 $(\gamma_S \cdot \gamma_L)^{1/2}$ と補正係数 Φ を用いて式 (4.41) のように表した．Φ は2相間に働く相互作用の種類により異なる値をとり，多くの場合1より小さな値を持つ[53]．

$$W_A = 2\Phi(\gamma_S \cdot \gamma_L)^{1/2} \tag{4.41}$$

式 (4.38) と式 (4.40) から，Girifalco-Good (G-G) の式 (4.42) が得られる．

$$\gamma_{SL} = \gamma_S + \gamma_L - 2\Phi(\gamma_S \cdot \gamma_L)^{1/2} \tag{4.42}$$

式 (4.42) を式 (4.36) に入れて整理すると式 (4.43) になる．

$$\gamma_S = \gamma_L \cos\theta_S + \gamma_S + \gamma_L - 2\Phi(\gamma_S \cdot \gamma_L)^{1/2}$$

$$\cos\theta_S = 2\Phi\left(\frac{\gamma_S}{\gamma_L}\right)^{1/2} - 1 \tag{4.43}$$

この式からも，ある液体（γ_L の値は決まっている）に対して θ_S を大きくするには固体の表面自由エネルギー γ_S を小さくする必要があることがわかる．最も γ_S の低い表面は CF_3 基で終端された表面であり，その値は約 $6\,mJ/cm^2$ である．井本はこの G-G の式が固体の表面自由エネルギーを解析する上で最も確からしいとしている[55]．また，W_A の中身を固体，液体それぞれのエネルギー成分（分散力成分，極性成分，水素結合力成分）を使って表記する理論が数多く提唱されている[55,56]．いずれも，各種プローブ液体（表面自由エネルギー成分が既知のもの）を用いて固体表面の接触角を実測することで，固体の表面自由エネルギーを求めることができる[53,54]．しかし現状では，成分分けに否定的な考え方もあるため基礎理論の確立が待たれる．

4.6.3 動的接触角

動的接触角[54]とは，固体表面上を液滴が動く状態を想定した，液滴の前進（advancing contact angle，以下，θ_Aと示す）・後退（receding contact angle，以下，θ_Rと示す）接触角によって決定される値であり，固体表面からの液滴除去性能の指標として最近注目されている。動的接触角を測定するには，①拡張収縮法，②滑落法（転落法），③ Wilhelmy 法，といった方法が用いられている。拡張収縮法は，固体表面に形成した液滴にシリンジの針を刺して，液体を注入したり吸引したりすることで動的接触角を測定する手法である。

図 4.40（a）に示すように，液体を注入していくと，液滴の 3 相接触線はある液量までは固体表面にピン留めされて動かない（Level：1 ～ 2）。さらに液量を増やしていくと，液滴はとどまる限界を超え，ある一定の角度を保ちながら前進していく（Level：3 ～ 4）。この接触角が θ_A である。反対に液滴から液体を吸引していく場合（図（b）），とどまる限界を超えると，液滴はある一定の角度を保ちながら後退していく（Level：7 ～ 8）。この接触角が θ_R である。

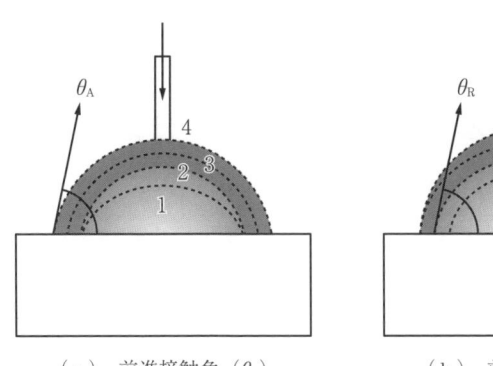

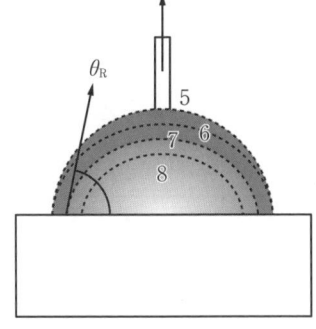

（a） 前進接触角（θ_A）　　　　（b） 前進接触角（θ_R）

図 4.40 拡張収縮法による動的接触角の測定

滑落法（転落法）は**図 4.41** に示すように，固体表面に液滴を形成したあと，基板を徐々に傾斜させ，液滴がまさに動き始める瞬間に止め，そのときの θ_A（谷側）と θ_R（山側）を求める方法である。この手法では，θ_A と θ_R および滑

落角（転落角）は液体重量に依存することから測定条件には注意が必要である。また，液滴が斜面を滑落する際には，その形が軸対称からずれて大きく変形する。したがって，液滴は球形の断面（静止状態）から液滴の全周囲で異なった接触角を持つ複雑な形状に変形するため θ_A と θ_R の関係は単純ではない[55]。

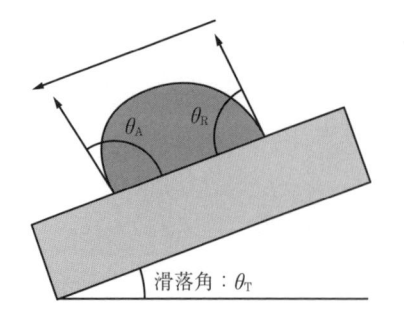

図 4.41 滑落法による動的接触角の測定

Wilhelmy 法は，図 4.42 に示すように薄いプレートを液体に挿入し，プレートにかかる力（F）を測定し，式 (4.44) から動的接触角を測定する方法である。

$$F = mg + L\gamma\cos\theta - Sh\rho g \tag{4.44}$$

ここで，mg：プレート荷重（m：プレート質量，g：重力加速度），$L\gamma\cos\theta$：表面張力総和（L：プレート周囲長，γ：液体の表面張力），$Sh\rho g$：プレート浮力（S：プレート断面積，h：浸漬深さ，ρ：液体密度）である。

(a) $F = mg$ プレート荷重
(b) $F = mg + L\gamma\cos\theta$ 表面張力総和
(c) $F = mg + L\gamma\cos\theta - sh\rho g$ プレート浮力

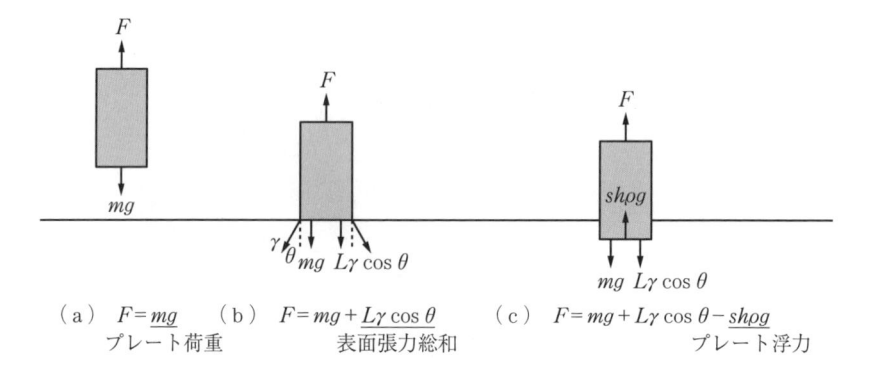

図 4.42 Wilhelmy 法による動的接触角の測定

プレートを液体に浸漬させる過程で得られる接触角を θ_A，引き上げる過程で得られる接触角を θ_R と呼んでいる。この測定法の利点は，① 力を計測するため感度がよい，② 誤差が少ない，③ 液体の揮発や汚染の影響が小さい，④

計測領域が広くデータの信頼性が高い, などが挙げられる[56]。

4.6.4 接触角ヒステリシスと滑落角

前述の θ_A と θ_R の差 ($\Delta\theta = \theta_A - \theta_R$), あるいは, θ_A と θ_R の余弦の差 ($\Delta\theta_{\cos} = \cos\theta_R - \cos\theta_A$) は接触角ヒステリシスとして定義されている。この値が小さいほど, 固体表面と液滴との相互作用は小さい。接触角ヒステリシスの起源は, 表面粗さ, 化学的不均一性, 固液界面での分子再配列などの影響によるものといわれている[57]。

固体表面（傾斜面, 平滑面）で液滴を駆動させるのに必要な力は式(4.45)のように表される[58], [59]。この式からも明らかなように, 接触角の値が小さくても, ヒステリシスを小さくすれば液滴を小さな力で駆動させることが可能になる[60], [61]。

$$F = mg(\sin\alpha) = kw\gamma_L(\cos\theta_R - \cos\theta_A) \tag{4.45}$$

ここで, α：滑落（転落）角, k：定数, w：液滴の幅, γ_L：液滴の表面張力である。

パーフルオロアルキルシランにより, はっ水処理した自動車用ガラスで問題となっている雨滴残り（低雨滴飛散性）による視界低下や汚れの付着は, このヒステリシスが原因であるといわれている[62]。ヒステリシスが小さい（理想的にはゼロ）表面が実現できれば, 液滴（水や油）と固体表面の相互作用が小さくなり, 液滴の除去性能が大幅に向上することから, 汚れ付着防止, 防食性の向上など, さまざまな工業的応用が可能となる。

引用・参考文献

1章
[全般的な科学史と年表について]
1) アイザック・アシモフ著, 小山慶太・輪湖 博 共訳：アイザック・アシモフの科学と発見の年表, 丸善（1996）

[基礎的科学用語の説明]
2) 物理学辞典編集委員会編：物理学辞典, 培風館（1984）

[真空について]
3) 日本真空協会関西支部編：わかりやすい真空技術, 日刊工業新聞社（1990）
4) 辻 泰, 斉藤芳男：真空技術──発展の途を探る──, アグネ技術センター（2008）※歴史的な発展がよくわかる。

[放電とプラズマについて]
5) 菅井秀郎 編著：プラズマエレクトロニクス, オーム社（2000）
   ※学生向け教科書として優れている。
6) 電気学会放電ハンドブック出版委員会編：放電ハンドブック, オーム社（1998）
7) J. Reece Roth：Industrial plasma engineering, 1, Institute of Physics Publishing（1995）※かなり高度な内容だが, よい勉強になる。

[プロセス関係（基礎）]
8) D. B. N. Chapman 著, 岡本幸雄 訳：プラズマプロセシングの基礎, 電気書院（1980）
9) M. A. Lieberman and A. J. Lichetenberg 著, 佐藤久明 訳：プラズマ・プロセスの原理, 丸善（2001）※基礎的内容の説明がよい。
10) D. M. Mattox：The history of vacuum coating technology（2002）
    ※私版本なので入手しがたい。筆者の手元にある。実に丁寧・詳細にコーティングのドライプロセスについての文献紹介がなされている。貴重なデータ集である。
11) 日本学術振興会プラズマ材料科学第153委員会編：プラズマ材料科学ハンドブック, オーム社（1992）※20年前のプロセス全般の理解に役立つ。
12) IUPAC：Bibliography on plasma chemistry, Subcommittee on Plasma Chemistry（1979）※入手しがたい。筆者の手元にある。過去のプラズマ化学文献の主要題目が紹介されている。

2章

1) 日本工業規格 JIS Z 8126，真空技術――用語――（1999）
2) 堀越源一：真空技術（第3版），東京大学出版会（1994）
3) 真空技術基礎講習会運営委員会 編：わかりやすい真空技術（第3版），日刊工業新聞社（2010）
4) 宇津木勝：半導体真空技術，東京電機大学出版局（2011）
5) 日本工業規格 JIS B 2290，真空装置用フランジ（1998）
6) 金原粲：薄膜の基本技術（第3版），東京大学出版会（2008）
7) 佐宗哲郎：統計力学，丸善（2010）
8) 菅井秀郎 編著：プラズマエレクトロニクス，オーム社（2000）
9) 小島啓安：現場のスパッタリング薄膜 Q & A，日刊工業新聞社（2008）
10) プラズマ・核融合学会 編：プラズマ原子分子過程ハンドブック，大阪大学出版会（2011）
11) S. C. Brown：Basic data of plasma physics, AIP Press（1994）
12) B. M. Smirnov：Reference data on atomic physics and atomic processes, Springer（2008）
13) NIST Webpage, http://www.nist.gov/
14) プラズマ・核融合学会 編：プラズマ診断の基礎と応用，コロナ社（2006）
15) 河口広司，中原武利 編集：プラズマイオン源質量分析，学会出版センター（1994）
16) 林康明 編：プラズマプロセスのモニタリング技術と解析・制御，リアライズ理工センター（1997）
17) R. W. B. Pearse and A. G. Gaydon：The identification of molecular spectra, John Wiley and Sons（1965）

3章

1) （株）アルバック 編：新版真空ハンドブック，表8・1・5，オーム社（2002）
2) 日本真空工業会 編：真空用語事典，p.229，工業調査会（2001）
3) D. M. Mattox：Film deposition using accelerated ions, Sandia Corp. Development Report SC－DR－281－63（1963）
4) D. M. Mattox：Film deposition using accelerated ions.,Electrochem. Technol. **2**, 295（1964）
5) 柏木邦宏：イオンプレーティング，金属表面技術，**30**, 232（1979）
6) 金原粲 監修，日本学術振興会薄膜第131委員会編集：薄膜工学，pp.71-75，丸善（2002）
7) M. Machida, M. Shibutani, T. Murai, and Y. Murayama：ZnO piezoelectric films formed by RF reactive ion plating, Jpn. J. Appl. Phys., Suppl., **20**, 3, pp.141－144（1981）

8) Y. Murayama and K. Kashiwagi : Aluminum nitride film by rf reactive ion plating, J. Vac. Sci. Technol., **17**, 4 (1980)
9) K. Kashiwagi, Y. Yoshida, and Y. Murayama : Organic film containing metal prepared by plasma polymerization, J. Vac. Sci. Technol. A, 2nd Series, **5**, 4, partⅢ, pp.1828-1830 (1987)
10) 柏木邦宏, 村山洋一 : イオンプレーティングによる薄膜形成過程に及ぼすイオン効果, 金属表面技術, **35**, 1 (1984)
11) S. Aisenberg and R. W. Chabot : Physics of ion plating and ion beam deposition, J. Vac. Sci. Technol., **10**, p.140 (1973)
12) C. H. Wan, D. L. Cchamber, and D. C. Carmichael : Investigation of hot-filament and hollow-cathode Electron-beam techniques for ion plating, J. Vac. Sci. Technol., **8**, 6, p.99 (1971)
13) P. Sigmund : Theory of sputtering. I. sputtering yield of amorphous and polycrystalline targets, Phys. Rev., **184**, pp.383−416 (1969)
14) P. C. Zalm : Part Ⅱ sputtering phenomena, in Jerome J. Cuomo, Stephen M. Rossnagel, and Harold R. Kaufman (edts) : Handbook of ion beam processing technology, Principles, Deposition, Film Modification and Synthesis, pp.81−82, William Andrew/Noyes (1990)
15) K. Meyer, I. K. Schuller, and C. M. Falco : Thermalization of sputtered atoms, J. Appl. Phys., **52**, 5803 (1981)
16) W. D. Westwood : Calculation of deposition rates in diode sputtering systems, J. Vac. Sci. Technol., **15**, 1 (1978)
17) J. A. Thornton : Influence of apparatus geometry and deposition conditions on the structure and topography of thick sputtered coatings, J. Vac. Sci. Technol., **11**, 666 (1974)
18) J. A. Thornton : High rate thick film growth, Annual Review of Materials Science, **7**, pp.239−260 (1977)
19) J. A. Thornton : Coating deposition by sputtering, pp.191, in R. F. Bunsha, et al. (ed.) : Deposition technologies for films and coatings−developments and applications, Noyes Publications, Noyes Data Corp., Park Ridge, NJ, USA (1982)
20) J. A. Thornton : Coating Deposition by Sputtering, p.197, in R. F. Bunsha, et al. (ed.) : Deposition technologies for films and coatings−developments and applications, Noyes Publications, Noyes Data Corp., Park Ridge, NJ, USA (1982)
21) B. Window and N. Savvides : Unbalanced dc magnetrons as sources of high ion fluxes, J. Vac. Sci. Technol., **A 4**, 453 (1986)
22) N. Savvides and B. Window : Unbalanced magnetron ion−assisted deposition and property modification of thin films, J. Vac. Sci. Technol., **A 4**, 504 (1986)
23) G. Bräuer, B. Szyszka, M. Vergöhl, and R. Bandorf : Magnetron sputtering−

milestones of 30 years, Vacuum, **84**, 1354 (2010)
24) P. Frach, K. Goedicke, C. Gottfried, and H. Bartzsch : A versatile coating tool for reactive in – line sputtering in different pulse modes, Surf. Coat. Technol., **142-144**, 628 (2001)
25) S. J. Nadel and P. Greene : Strategies for high rate reactive sputtering, Thin Solid Films, **392**, 174 (2001)
26) P. Lippens and C. Murez : Rotary ceramic ITO sputtering targets for large area TCO coating deposition : Cost effective and quality boosting, 52nd SVC Technical Conference Proceedings, Santa Clara, May 9 – 14, pp.390 (2009)
27) J. Szczyrbowski, G. Bräuer, G. Teschner, and A. Zmelty : Large-scale antireflective coatings on glass produced by reactive magnetron sputtering, Surf. Coat. Technol., **98**, 1460 (1998)
28) P. Frach, D. Gloß, K. Goedicke, M. Fahland, and W.-M. Gnehr : High rate deposition of insulating TiO_2 and conducting ITO films for optical and display applications, Thin Solid Films, **445**, 251 (2003)

【3.3 節の一般的な参考書】
・R. Behrisch (ed) : Sputtering by particle bombardment I : physical sputtering of single-element solids (Topics in Applied Physics), Springer-Verlag (1981)
・J. A. Thornton : Coating deposition by sputtering, in R. F. Bunsha, et al. (ed.) : Deposition technologies for films and coatings-developments and applications, Noyes Publications, Noyes Data Corp., (1982)
・P. C. Zalm, et al., Part II sputtering phenomena, in J. J. Cuomo, S. M. Rossnagel, H. R. Kaufman (Edts), Handbook of ion beam processing technology : principles, deposition, film modification and synthesis, William Andrew/Noyes, (1990)
・R. Parsons : Sputter deposition processes, in J. L. Vossen, W. Kern (Edts.) : Thin film processes, **2**, Academic Press (1991)
・W. D. Westwood : Sputter deposition. AVS Education Committee book series, **2**. AVS (2003)
・R. Behrisch and Wolfgang Eckstein (edts) : Sputtering by particle bombardment ; experiments and computer calculations from threshold to MeV energies (Topics in applied physics), Springer-Verlag (2007)
・D. Depla and S. Mahieu (edts) : Reactive sputter deposition (Springer Series in Materials Science), Springer-Verlag (2008)
・D. M. Mattox : Handbook of physical vapor deposition (PVD) processing, William Andrew Publishing/Noyes (2010)

29) 菅井秀郎：プラズマエレクトロニクス，オーム社 (2000)

30) P. Sigmund : Theory of sputtering. I. sputtering yield of amorphous and polycrystalline targets, Phys. Rev., **184**, p.383 (1969)
31) J. Bohdansky, et al. : J. Nucl. Mater., **111**, **112**, p.717 (1982)
32) H. Abe, Y. Sonobe, and T. Enomoto : Etching characteristics of silicon and its compounds by gas plasma, Jpn. J. Appl. Phys., **12**, 1, p.154 (1973)
33) Y. Horiike and M. Shibagaki : A new chemical dry etching, Jpn. J. Appl. Phys., **15**, p.13 (1976)
34) N. Hosokawa, R. Matsuzaki, and T. Asamaki : RF sputter-etching by fluoro-chloro-hydrocarbon gases, Jpn. J. Appl. Phys., Suppl., **2**, Pt. 1, p.435 (1974)
35) J. W. Coburn and H. F. Winters : Ion- and electron-assisted gas-surface chemistry-An important effect in plasma etching, J. Appl. Phys., **50**, 5, p.3189 (1979)
36) 関根 誠：プラズマエッチング装置技術開発の経緯，課題と展望，J. Plasma and Fusion Research, **83**, 4, p.317 (2007)
37) 堀 勝：スマートプラズマプロセス，応用物理，**74**, 10, p.1328 (2005)
38) S. T. Picraux, E. P. EerNisse, and F. L. Vook : Applications of ion beams to metals, Plenum Press (1973)
39) J. F. Ziegler : New use of ion accelerators, Plenum Press (1975)
40) R. A. Kant, B. D. Sartwell, I. L. Singer, and R. G. Vardiman : Nucl. Instrum. Methods, **B7**, 8, p.915 (1985)
41) J. Lindhard, M. Scharff, and H. Schiott : Mater. Fys. Medd. Dan. Vid. Selsk, **33**, 1 (1963)
42) J. Biersack and L. G. Bagg : Nucl. Instrum. & Methods Phys. Res., 174, p.257 (1980)
43) J. F. Ziegler, J. P. Biersack, and U. Littmark : The stopping Range of Ions in Solids, Pergamon (1985)
44) www. srim. org
45) H. Matzke : Rad. Eff., **64**, 3 (1982)
46) H. M. Naguib and R. Kelly : Recent advances in science and technology of materials, Plenum Press (1974)
47) H. M. Naguib and R. kelly : Rad. Eff., **25**, 1 and 79 (1982)
48) I. Takano, S. Isobe, T. A. Sasaki, and Y. Baba : Appl. Surf. Sci., **37**, 25 (1989)
49) G. Dearnaley, J. H. Freeman, R. S. Nelson, and J. Stephen : Ion implantation, North-Holland Pub (1973)
50) J. F. Ziegler, J. P. Biersack, and U. Littmark : Proc. Int. Ion Engineering Congress. ISIAT'83, p.1861 (1983)
51) 道家忠義：応用物理，**39**, 1086 (1970)
52) P. Sigmund : Phys. Rev., **184**, p.383 (1969)
53) R. Behrish : Sputtering by particle bombardment II, Chap. 2, Springer-Verlag,

(1983)
54) K. Kanaya, K. Hojo, K. Koga, and K. Toki：Jpn. J. Appl. Phys., **12**, p.1296（1973）
55) 石川順三：イオン源工学，アイオニクス（1987）
56) S. Aisenberg and R. W. Chbot：J. Appl. Phys., **42**, p.2953（1971）
57) G. K. Wolf：Preliminary copy of surface engineering, NATO Advanced study Institute（1983）
58) M. Satou and F. Fujimoto：Jpn. J. Appl. Phys., **22**, p.L171（1983）
59) J. C. C. Tsai and J. M. Morabito：Surf. Sci., **44**, p.247（1974）
60) 岩木正哉，吉田清太：鉄と鋼，**11**, 40（1983）
61) 岩木正哉，吉田清太：塑性と加工，**26**, 223（1985）
62) L. D. Yu, S. Thongtem, T. Vilaithong, and M. J. McNallan：Surf. Coat. Technol., **128**, **129**, p.410（2000）
63) 井上陽一，吉村保廣，池田由紀子，河野顕臣：表面技術，**51**, p.512（2000）
64) I. Takano, Y. Arai, M. Sasaki, Y. Sawada, K. Yamada, T. Yagasaki, and Y. Kimura：Vacuum, **80**, p.788（2006）
65) P. Sioshansi：Nucl. Instrum. Methods, **B24**, **25**, p.76（1987）
66) 安保正一，森実敏倫，青江輝雄，乾智行，加藤薫一，野村英司，垰田博史：最新光触媒技術，エヌ・ティー・エス，p.21（2000）
67) 化学工学会編：CVDハンドブック，p.2, 朝倉書店（1991）
68) 応用物理学会：薄膜・表面物理分科会薄膜作製ハンドブック，p.255, 共立出版（1991）
69) 表面技術協会編：PVD・CVD皮膜の基礎と応用，p.6, 槙書店（1994）
70) M. L. Hitchman and K. F. Jensen：Chemical vapor deposition, p.1, Academic Press（1993）
71) Y. You, A. Ito, R. Tu, and T. Goto；Orientation control of α-Al_2O_3 films prepared by laser chemical vapor deposition using a diode laser, J. Ceram. Soc. Japan, **118**, pp.366-369（2010）
72) S. Bertrand, J. F. Lavaud, R. El Hadi, G. Vignoles, and R. Pailler：The thermal gradient-pulse flow CVI process；a new chemical vapor infiltration technique for the densification of fibre preforms, J. Eur. Ceram. Soc., **18**, pp.857-870（1998）
73) H. Funakubo, A. Nagai, G. Asano, J. -M. Koo, S. -M. Shin, and Y. Park：Effect of source materials on film thickness and compositional uniformity of MOCVD-P（Zr, Ti）O_3 films, Surf. Coat. Technol., **201**, pp.9279-9284（2007）
74) 伊藤滋，上島聡史，米田登：CVD法による軟鉄上へのタングステンおよびタングステン-SiCコーティング，金属表面技術，**39**, pp.86-93（1988）
75) J. Tendys, I. J. Donnelly, M. J. Kenny, and J. T. A. Pollock：Plasma immersion ion implantation using plasmas generated by radio frequency techniques, Appl. Phys. Lett., **53**, pp.2143-2145（1988）

76) J. R. Conrad, J. L. Radtke, R. A. Dodd, F. J. Worzala, and N. C. Tran：Plasma source ion-implantation technique for surface modification, J. Appl. Phys., **62**, pp.4591-4596（1987）
77) A. Anders（ed.）：Handbook of plasma immersion ion implantation and deposition, Wiley（2000）
78) 馬場恒明，畑田留理子：プラズマソースイオン注入による3次元立体物へのイオン注入，表面技術，**49**, pp.176-179（1998）
79) 馬場恒明，畑田留理子：PS II 法による表面改質と薄膜形成，表面技術，**52**, pp.449-452（2001）
80) G. A. Collins, R. Hutchings, and J. Tendys：Plasma immersion ion implantation of steels, Mater. Sci. Eng., **A139**, pp.171-178（1991）
81) C. Blawert, B. L. Mordike, G. A. Collins, R. Hutchings, K. T. Short, and J. Tendys：Plasma immersion ion implantation of 100Cr6 ball bearing steel, Surf. Coat. Technol., **83**, pp.228-234（1996）
82) W. Ensinger：Modification of mechanical and chemical surface properties of metals by plasma immersion ion implantation, Surf. Coat. Technol., **100**, **101**, pp.341-352（1998）
83) K. Baba and R. Hatada：Ion implantation into the interior surface of a steel tube by plasma source ion implantation, Nucl. Instrum. Methods Phys. Res., **B148**, pp.655-658（1999）
84) 日本電子工業：イオン窒化法——その原理と利用技術——，pp.1-14（1991）
85) 放電ハンドブック，電気学会, p.132（2005）
86) 浦尾亮一，寺門一佳：表面技術；微視的に見た表面改質層構造，**54**, **3**, p.197（2003）
87) 浦尾亮一，朝日直達：金属表面技術，最近のイオン浸炭処理，**36**, 7, pp.258-264（1985）

4章

1) H. Sugimura and N. Nakagiri：J. Photopolym. Sci. Technol., **10**, p.661（1997）
2) H. Sugimura, A. Hozumi, Y. Kameyama, and O. Takai：Surf. Interface Anal., **34**, p.550（2002）
3) 藤原裕之：分光エリプソメトリー（第2版），丸善（2003）
4) Light, R. M. A. Azzam, and N. M. Bashara：Ellipsometry and polarized, Elsevier Science B. V.（1977）
5) H. G. Tompkins and E. A. Irene（eds）：Handbook of Ellipsometry, William Andrew Inc.,（2005）
6) 田所利康：分光干渉法，光学薄膜の製造・評価と製品別最新動向，情報機構，pp.253-264,（2005）

7) 田所利康:日本画像学会誌, **50**, p.439（2011）
8) 日本表面科学会 編:透過型電子顕微鏡, 丸善（2009）
9) 日本表面科学会 編:ナノテクノロジーのための走査電子顕微鏡, 丸善（2004）
10) 森田清三 編著:走査型プローブ顕微鏡——基礎と未来予測, 丸善 2000
11) 重川秀美, 吉村雅満, 坂田 亮, 河津 璋:走査プローブ顕微鏡と局所分光, 裳華房（2005）
12) 沖口圭子, 杉村博之, 坂本幸弘, 高谷松文:表面技術, **47**, pp.638-639（1996）
13) 一井 崇:表面技術, **59**, pp.806-811（2008）
14) 日本表面科学会 編:X線光電子分光法, 丸善（1998）
15) 日本表面科学会 編:オージェ電子分光法, 丸善（2001）
16) John F. Watts and John Wolstenholme:An Introduction to Surface Analysis by XPS and AES, John Wiley & Sons（2005）
17) 日本表面科学会 編:二次イオン質量分析法, 丸善（1999）
18) 榎本祐嗣, 三宅正二郎:薄膜トライボロジー, 東京大学出版会（1994）
19) K. L. Mittal:Adhesion measurement of thin films, Electrocomponent Science and Technology, **3**, pp.21-42（1976）
20) L. Boruvka and A. W. Neumann:Generalization of the classical theory of capillarity, J. Chem. Phys., **66**, pp.5464-5476（1977）
21) R. Lacombe:Adhesion measurement methods theory and practice, p.8, Taylor & Francis（2006）
22) 木村 宏:材料強度の考え方（改訂版）, アグネ技術センター（2002）
23) 金原 粲:薄膜ハンドブック（第1版）, p.237, オーム社（1983）
24) K. L. Mittal ed.:Adhesion measurement of thin films, thick films and bulk coatings, American Society for Testing and Materials（1978）
25) JIS K 5600-5-6:1999, JIS K 5400-8.5
26) 大山 健:スタッドピン形垂直引張試験機による密着性測定, 表面技術, **58**, pp.292-294（2007）
27) A. Kikuchi, S. Baba, and A. Kinbara:Measurement of the adhesion of silver films to glass substrates, Thin Solid Films, **124**, pp.343-349（1985）
28) P. K. Mehrotra and D. T. Quinto:Techniques for evaluating mechanical properties of hard coatings, J. Vac. Sci. Technol. **A 3**, pp.2401-2405（1985）
29) M. D. Drory and J. W. Hutchinson:Measurement of the adhesion of a brittle film on a ductile substrate by indentation, Proc. Roy. Soc. Lond., **A 452**, pp.2319-2341（1996）
30) 馬場 茂:真空製膜による薄膜の密着性, 表面技術, **58**, p.275（2007）
31) P. A. Steinmann and H. E. Hintermann:J. Vac. Sci. Technol., **A 3**, p.2394（1985）
32) P. Benjamin and C. Weaver:Measurement of adhesion of thin films, Proc. Roy. Soc. Lond., **A 254**, pp.163-176（1960）

33) M. Laugier : The development of the scratch test technique for the determination of the adhesion of coatings, Thin Solid Films, **76**, p.289 (1981); Thin Solid Films, **117**, p.243 (1984)
34) J. Kendall : The adhesion and surface energy of elastic solids, J. Phys., **D 4**, pp.1186-1195 (1971)
35) S. J. Bull and D. S. Rickerby : New developments in the modeling of the hardness and scratch adhesion of thin films, Surf. Coat. Technol., **42**, pp.149-164 (1990)
36) G. M. Hamilton and L. E. Goodman : The stress field created by a circular sliding contact, J. Appl. Mech., **33**, pp.371-376 (1966)
37) 竹園茂男, 峠 克己, 感本広文, 稲村栄次郎：弾性力学入門, p.91, 森北出版 (2007)
38) 金原 粲 監修, 吉田貞史・近藤高志 編著：薄膜工学（第2版）, p.146, 丸善, (2011)
39) D. S. Rickerby : J. Vac. Sci. Technol., **A 4**, pp.2809-2814 (1986)
40) 松村 源太郎 訳, カリティ：新版X線回折要論, アグネ承風社 (1999)
41) M. Birkholz : Thin film Analysis by X-Ray scattering, p.123, Wiley (2006)
42) C.-H. Ma, J.-H. Huang, and Haydn Chena : Residual stress measurement in textured thin film by grazing-incidence X-ray diffraction, Thin Solid Films, **418**, pp.73-78 (2002)
43) 日本トライボロジー学会固体潤滑研究会 編：固体潤滑ハンドブック, p.226, 養賢堂 (2010)
44) J. T. Burwell : Survey of Possible Wear Mechanisms, Wear, **1**, pp.119-130 (1957)
45) 木村好次, 野呂瀬進 監修：トライボロジーの解析と対策, テクノシステム (2003)
46) 日本トライボロジー学会 編：トライボロジーハンドブック, 養賢堂 (2001)
47) 榎本祐嗣, 三宅正二郎：薄膜トライボロジー, 東京大学出版会 (1994)
48) 大竹尚登：材料のトライボロジーと環境対策, トライボロジスト, **46**, pp.534-540 (2001)
49) 大村孝仁：ナノインデンテーション法の装置と原理, 表面技術, **51**, 3, pp.255-261 (2000)
50) W. C. Oliver and G. M. Pharr : An Improvement technique for determining hardness and elastic modulus using load and displacement sensing indentation experiments, J. Mater. Res., **7**, pp.1564-1583 (1992)
51) 中上明光, 川上信之：ナノインデンテーション法による薄膜の機械的特性評価, 神戸製鋼技報, **52**, 2, pp.74-77 (2002)
52) 杉村博之, 高井 治：耐摩耗性薄膜のナノインデンテーション, 表面技術, **51**, 3, pp.270-275 (2000)
53) 井本 稔：表面張力の理解のために, p.74, 高分子刊行会 (1993)

54) 石井淑夫監修：異種材料界面の測定と評価, p.38, テクノシステム（2012）
55) L. Gao and T. J. McCarthy：Contact angle hysteresis explained, Langmuir, **22**, pp.6234-6237（2006）
56) 安部浩司, 大西里美, 秋山陽久, 瀧口宏志, 玉田 薫：Wilhelmy法での動的接触角測定による単分子膜の表面評価, 表面科学, **21**, pp.643-650（2000）
57) J. N. Israelachvili, 近藤 保, 大島広行 訳：分子間力と表面力 第2版, p.312, 朝倉書店（1996）
58) K. Kawasaki：Study of wettability of polymers by sliding of water drop, J. Colloid. Sci., **15**, pp.402-407（1960）
59) C. G. L. Furmidge：Studies at phase interfaces 1. The sliding of liquid drops on solid surfaces and a theory for spary retention, J. Colloid. Sci., **17**, pp.309-324（1962）
60) D. F. Cheng, C. Urata, M. Yagihashi, and A. Hozumi：A statically oleophilic but dynamically oleophobic smooth nonperfluorinated surface, Angew. Chem. Int. Ed., **51**, pp.2956-2959（2012）
61) D. F. Cheng, C. Urata, B. Masheder, and A. Hozumi：A physical approach to specifically improve the mobility of alkane liquid drops, J. Am. Chem. Soc., **134**, pp.10191-10199（2012）
62) 赤松佳則：自動車用高滑水コーティング, 表面技術, **60**, pp.32-36（2009）

索引

【あ】

アーク放電　8, 11, 21, 120
油回転ポンプ　28
アブレッシブ摩耗　172
アンカリング　159
アンバランスト
　マグネトロン　15
アンバランスト
　マグネトロンスパッタ
　リング　79

【い】

イオンアシスト堆積法　16
イオンエッチング　85
イオン化　41
イオン化断面積　40
イオンシース
　　　39, 69, 85, 120
イオン衝撃　16
イオン蒸着法　16
イオン注入　95
イオンビームアシスト　105
イオンビームアシスト蒸着
　　　17, 59, 122
イオンビームエッチング　88
イオンビーム
　スパッタリング　82
イオンビームミキシング　105
イオンプレーティング　15, 59
異方性エッチング　92
インピーダンス整合　36

【え】

エッチング　68
エリプソメーター　135
エリプソメトリー　135
エロージョン　78

【お】

オージェ電子分光　149
押込み試験　161

【か】

界面エネルギー　159
解離過程　43
化学気相成長法
　（化学気相析出）　2, 107
化学シフト　151
化学蒸着　2, 107
核形成　117
カスケード衝突　97
乾式めっき法　2

【き】

境界潤滑　169
凝集損傷　160
凝着摩耗　172

【く】

空間電荷層　39
クロスカット試験　161
グロー放電　8, 125, 129

【け】

形状膜厚　131
原子間力顕微鏡　147, 179

【こ】

硬質膜　174
格子ひずみ　166
高周波グロー　34
高周波スパッタリング　76
高周波放電プラズマ　12
高周波誘導加熱　57
高周波励起イオンプレー
　ティング　17

碁盤目試験　161
コリジョンカスケード
　　　86, 91
コールドウォール　113
コロナ放電　8

【さ】

再結合　44

【し】

自己バイアス　12, 35, 76, 77
質量分析　49
質量膜厚　131
シャドウイング効果　71
蒸気圧　53
触針式形状測定　134
真　空　4, 24
真空計　29
真空蒸着　6, 52
真空ポンプ　28
真空容器　27
シングルプローブ　45
真性内部応力　169

【す】

スクラッチ試験　161
ステップ成長　115
スパッタリング　13, 68, 102
スパッタリング（収）率
　　　46, 70, 86, 98, 102

【せ】

正イオン密度　38
静的接触角　180
接触角　180
接触角ヒステリシス　185
セルフバイアス　35
選択エッチング　93

索　引　197

【そ】

走査型電子顕微鏡　142
走査型トンネル顕微鏡　145
走査型プローブ顕微鏡
　　　　　　145, 179
側壁保護膜　92

【た】

ダイナミックイオン
　ミキシング　105
ダイヤモンド　175
ダイヤモンド（薄）膜
　　　　　　18, 147
ダイヤモンドライク
　カーボン　122
ターゲット　75, 78, 80, 81
脱励起過程　43
ダブルプローブ　45
ターボ分子ポンプ　29
段差測定器　134
弾性散乱　98

【ち】

超親水性　180
超はっ水性　180
直流グロー　34
直流放電　10
直流マグネトロン
　プラズマ　13

【て】

低温プラズマ　33, 36
抵抗加熱　56
デバイ長さ　40
電子温度　37, 45, 49
電子サイクロトロン共鳴
　プラズマ　13
電子銃　56
電子分光法　149
電子密度　37, 38, 45
電離気体　3, 7, 32
電離真空計　30

【と】

投影飛程　96

透過型電子顕微鏡　142
動的接触角　183
ドライエッチング　84

【な】

内部応力　164
ナノインデンテーション　176

【に】

2極スパッタリング　76
2次イオン質量分析　155
入射頻度　53

【ね】

熱CVD　18
熱応力　169
熱プラズマ　11, 21, 33

【は】

発光分光法　47
パルス電圧　119
パルス放電　80, 125
パルスマグネトロン
　スパッタリング　79
反跳イオン　98
反応性イオンエッチング　89
反応性
　イオンプレーティング　63
反応性スパッタ
　（リング）　14, 83
反応性
　プラズマエッチング　89

【ひ】

光CVD　111
非弾性散乱　98
引張試験　161
非平衡プラズマ　33
表面（自由）エネルギー
　　　　　　157, 181
表面入射流束　30
ピラニ真空計　29
疲労摩耗　173
ピンオンディスク　170

【ふ】

深さ分析　154, 156
腐食摩耗　173
付着損傷　160
物性膜厚　132
物理気相成長法　2
物理蒸着　2
浮遊電位　38, 45
プラズマ　3, 7, 32
プラズマCVD　18, 110
プラズマ（イオン）窒化
　　　　　　19, 125
プラズマ（イオン）浸炭
　　　　　　19, 129
プラズマシース　69
プラズマ重合　66
プラズマ浸漬イオン注入　120
プラズマ診断　45
プラズマ素過程　40
プラズマソースイオン注入
　　　　　　120
プラズマ電位　38, 45
プラズマ溶射　21
プロジェクトレンジ　96
分光干渉法　140

【へ】

平均自由行程
　　　　　　30, 52, 71, 86, 116
平衡プラズマ　33
ヘリコン波プラズマ　13
偏光解析　135
偏光解析関数　138

【ほ】

放　電　32
ホットウォール　113
ホロー陰極放電　11

【ま】

膜　厚　131
マグネトロン
　スパッタリング　14, 78
摩　擦　169
摩　耗　171

【み】

密着性　　　　　　　　156

【や】

ヤング（Young）の式
　　　　　　　　158, 181

【ゆ】

誘導結合（型）プラズマ
　　　　　　　　12, 36

【よ】

容量結合（型）プラズマ
　　　　　　　　12, 35

【ら】

ラジカル　　　　　43, 89
ラジカル窒化　　　　20

【り】

立方晶窒化ホウ素　　175
臨界核半径　　　　　115

【れ】

励起過程　　　　　　42
レーザー CVD　　　111
レーザーアブレーション　58
レーザー加熱　　　　58

【ろ】

ロータリーカソードマグネトロンスパッタリング　81
ロッキングカーブ　　168

【A】

AES　　　　　　　　149
AFM　　　　　　147, 179

【C】

CCP　　　　　　　12, 35
CVD　　　　　　　2, 107

【D】

DLC　　　　　17, 122, 175

【E】

ECR plasma（プラズマ）
　　　　　　　　13, 124

【I】

ICP　　　　　　　12, 36

【M】

MOCVD　　　　　　111

【O】

OES　　　　　　　　48

【P】

PI^3　　　　　　　　120
PIII　　　　　　　　120
PSII　　　　　　　　120
PVD　　　　　　　　2

【R】

RF plasma　　　　　12
RIE　　　　　　　　89

【S】

SEM　　　　　　　142
SPM　　　　　145, 179
STM　　　　　　　145

【T】

TEM　　　　　　　142
Thornton モデル　　72

【X】

XPS　　　　　　　149
X 線光電子分光　　149

ドライプロセスによる表面処理・薄膜形成の基礎
Introduction to Dry Processing for Surface Finishing and Thin Film Coating
ⓒ 一般社団法人 表面技術協会 材料機能ドライプロセス部会 2013

2013 年 5 月 20 日 初版第 1 刷発行
2024 年 2 月 20 日 初版第 4 刷発行

編　者		一般社団法人 表　面　技　術　協　会
発行者		株式会社　コロナ社 代表者　牛来真也
印刷所		新日本印刷株式会社
製本所		有限会社　愛千製本所

112-0011　東京都文京区千石 4-46-10
発行所　株式会社　コロナ社
CORONA PUBLISHING CO., LTD.
Tokyo Japan

振替 00140-8-14844・電話 (03) 3941-3131 (代)
ホームページ　https://www.coronasha.co.jp

ISBN 978-4-339-04631-1　C3053　Printed in Japan　　　　　（横尾）

本書のコピー，スキャン，デジタル化等の無断複製・転載は著作権法上での例外を除き禁じられています。
購入者以外の第三者による本書の電子データ化及び電子書籍化は，いかなる場合も認めていません。
落丁・乱丁はお取替えいたします。

機械系教科書シリーズ

（各巻A5判，欠番は品切です）

■編集委員長　木本恭司
■幹　　　事　平井三友
■編集委員　青木　繁・阪部俊也・丸茂榮佑

配本順		書名	著者	頁	本体
1.	(12回)	機械工学概論	木本恭司 編著	236	2800円
2.	(1回)	機械系の電気工学	深野あづさ 著	188	2400円
3.	(20回)	機械工作法（増補）	平井三友・和田任弘・塚本晃久 共著	208	2500円
4.	(3回)	機械設計法	三田純義・朝比奈奎一・黒田孝春・山口健二 共著	264	3400円
5.	(4回)	システム工学	古川正志・荒井克彦・青浜誠斎己 共著	216	2700円
6.	(34回)	材料学（改訂版）	久保井徳洋・樫原恵蔵 共著	216	2700円
7.	(6回)	問題解決のための Cプログラミング	佐藤次男・中村理一郎 共著	218	2600円
8.	(32回)	計測工学（改訂版）—新SI対応—	前田良昭・木村一郎・押田至啓 共著	220	2700円
9.	(8回)	機械系の工業英語	牧野州秀・生水雅之 共著	210	2500円
10.	(10回)	機械系の電子回路	高橋晴俊・阪部雄也 共著	184	2300円
11.	(9回)	工業熱力学	丸茂榮佑・木本恭司 共著	254	3000円
12.	(11回)	数値計算法	藪忠司・伊藤悹 共著	170	2200円
13.	(13回)	熱エネルギー・環境保全の工学	井田民男・木本恭司・山崎友紀 共著	240	2900円
15.	(15回)	流体の力学	坂本雅彦・本田光雅 共著	208	2500円
16.	(16回)	精密加工学	田口紘剛・明石二夫 共著	200	2400円
17.	(30回)	工業力学（改訂版）	吉村靖夫・米内山誠 共著	240	2800円
18.	(31回)	機械力学（増補）	青木繁 著	204	2400円
19.	(29回)	材料力学（改訂版）	中島正貴 著	216	2700円
20.	(21回)	熱機関工学	越智敏明・老固智潔光・吉本隆一也 共著	206	2600円
21.	(22回)	自動制御	阪部俊也・飯田賢一 共著	176	2300円
22.	(23回)	ロボット工学	早川恭弘・櫟弘明・矢野順彦 共著	208	2600円
23.	(24回)	機構学	重松洋一・大高敏男 共著	202	2600円
24.	(25回)	流体機械工学	小池勝 著	172	2300円
25.	(26回)	伝熱工学	丸茂榮佑・矢尾匡永・牧野秀秀 共著	232	3000円
26.	(27回)	材料強度学	境田彰芳 編著	200	2600円
27.	(28回)	生産工学 —ものづくりマネジメント工学—	本位田光重・皆川健多郎 共著	176	2300円
28.	(33回)	ＣＡＤ／ＣＡＭ	望月達也 著	224	2900円

定価は本体価格＋税です。
定価は変更されることがありますのでご了承下さい。

図書目録進呈◆